高职高专“十三五”规划教材

# 仪器分析实训

YIQI FENXI SHIXUN

第二版

张威 赵斌 主编

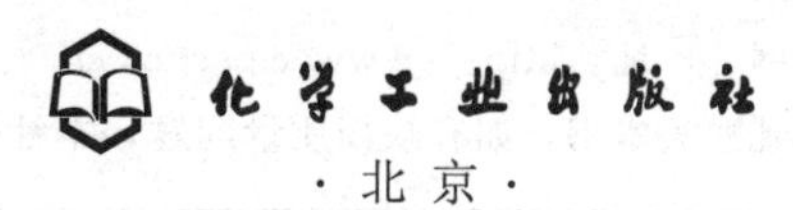


·北京·

《仪器分析实训（第二版）》是化学工业出版社出版的《仪器分析（第二版）》（张威主编）的配套教材。全书分为三篇，第一篇介绍了仪器分析实训基本知识，包括仪器分析实训的基本要求、数据记录和处理、实训过程中产生的废弃物处理等内容；第二篇是仪器分析基础实训，按照理论教材编写的顺序，编写了包括电位分析法、光谱分析法、色谱分离分析法和高效毛细管电泳法等一些基础实训内容，以便于对学生实践能力的基础训练；第三篇是仪器分析综合实训，通过任务驱动法将综合实训分解成学生要完成的一系列任务，通过实训操作指导学生完成相关任务，再通过项目拓展将学到的操作运用到实际分析工作任务中，提高学生的综合能力。

本教材综合了化学化工专业、药学专业、医学检验技术、食品工程技术、生物工程技术、预防医学、环境工程和化妆品技术等专业及相关专业的实训内容，可供各高职院校根据自己的教学特点和要求选用。

**图书在版编目（CIP）数据**

仪器分析实训/张威，赵斌主编．—2版．—北京：化学工业出版社，2020.2（2024.2重印）

ISBN 978-7-122-35789-2

Ⅰ．①仪…　Ⅱ．①张…②赵…　Ⅲ．①仪器分析-高等职业教育-教学参考资料　Ⅳ．①O657

中国版本图书馆CIP数据核字（2019）第273470号

---

责任编辑：旷英姿　　文字编辑：李　瑾

责任校对：王　静　　装帧设计：王晓宇

---

出版发行：化学工业出版社（北京市东城区青年湖南街13号　邮政编码100011）

印　　装：三河市延风印装有限公司

787mm×1092mm　1/16　印张8¼　字数165千字　　2024年2月北京第2版第3次印刷

---

购书咨询：010-64518888　　售后服务：010-64518899

网　　址：http://www.cip.com.cn

凡购买本书，如有缺损质量问题，本社销售中心负责调换。

---

**定　　价：25.00元**

# 编写人员名单


**主　　编**　张　威　赵　斌

**副 主 编**　李明梅　陈宗治　商传宝

**编写人员**　（按姓名汉语拼音排序）

蔡自由　广东食品药品职业学院
陈　凯　四川中医药高等专科学校
陈宗治　安庆医药高等专科学校
黄勇红　广东食品药品职业学院
李明梅　江苏医药职业学院
李永冲　广东食品药品职业学院
刘建华　江苏卫生健康职业学院
鲁正熹　江苏卫生健康职业学院
仇　凡　江苏医药职业学院
商传宝　淄博职业学院
石　云　江苏医药职业学院
孙荣梅　中国药科大学
汤　铮　江苏卫生健康职业学院
姚丹丹　江苏医药职业学院
于丽燕　中国药科大学
张　威　江苏卫生健康职业学院
赵　斌　中山火炬职业技术学院
郑　明　江苏卫生健康职业学院

# 第二版前言

《仪器分析实训（第二版）》是化学工业出版社出版的《仪器分析（第二版）》（张威主编）的配套教材。自本书第一版出版后，与理论教材一起被较多的高职院校采用作为相关专业教材，并得到充分肯定，一再重印。随着教学和生产实践不断发展和需要，我们对本教材进行了适当的修订。

本教材的修订延续了第一版教材特色，仍然采用"任务引领型"教学模式，让学生通过"完成任务"，培养他们认真观察和思考、学会数据记录与分析等实践能力；内容的选取上，我们充分考虑了高职层次学生对仪器分析实训的要求，选择一些基础性和实用性强的实训内容。结合当前教学要求，我们对一些实训内容进行修订，使教材更加契合实际工作任务，并增加了"毛细管区带电泳法分离离子型化合物""毛细管电泳法在材料分析中的应用"两个项目，以适应新的教学要求。

鉴于编者水平有限，书中疏漏之处在所难免，望广大教师和同学多提宝贵意见，以期今后进一步完善。

**编者**

**2019 年 10 月**

# 目录

# 第一篇
# 仪器分析实训基本知识

## 一、仪器分析实训的基本要求

仪器分析实训是在教师的指导下，对学生进行相关的职业技术应用能力训练的教学过程，是高职教育的药学、检验、食品、生物技术及化学化工专业学生必修的专业技能训练课程。通过仪器分析实训，一方面使学生加深对常用仪器分析方法基本原理，常用分析仪器的基本构造、特点和应用范围的了解，初步掌握常用分析仪器的使用方法和具备处理实验数据的能力，并能够在此基础上进行适当的探索性实验研究；另一方面培养学生严谨、细致、实事求是的科学作风，并使学生养成爱护国家财物的良好习惯和品德。此外，仪器分析实训教学体现了高职教育的“技能型”，使学生为将来的职业生涯打下坚实的基础。实训者应做到如下几点。

（1）在本课程的实训期间，实训者应准备一本编有页码的实训记录本，用来忠实地、完整地记录实训过程、测量数据及有关资料。不得使用单页纸或活页本，以免相关数据的丢失。

（2）实训前，应充分预习相关实训的原理、步骤和仪器的使用方法。在实训记录本上拟订好操作步骤、画好记录数据的表格；搞懂实训注意事项是较好完成实训项目的关键；并将思考题搞明白。

（3）实训中，整个过程应紧张而有秩序地进行。首先应仔细观察，认真思考，如实地记录测量数据和各种现象，注意记录的原始数据不得随意涂改，若确实需要废弃某些记录的数据，则可在其上面画一道线；其次要始终保持实训场所的整齐、清洁和安静；第三要十分爱护每台贵重仪器，进入实训室后不要随意乱拨仪器的旋钮，要在教师指导下进行仪器操作，严防损坏仪器或发生其他事故。

（4）实训后，应及时写出实训报告。报告要求简明扼要，整洁不潦草，图表清晰，所列实验数据和结论要条理清楚、合乎逻辑。其内容应包括：

① 实训题目、完成日期、参与实训者姓名；

② 实训目的、简要原理、所用仪器及主要步骤；

③ 实训所得数据及计算结果，并加以分析、讨论。

## 二、实训中测量值的读取

所谓“仪器分析”就是把物质有关的原始信号（如浓度、质量）通过仪器设备转成电信号，经放大后在仪表上通过指针指示出来，或者通过记录式显示仪表在记录纸上用笔的位移显示出来，或者是用数字直接显示。在实训过程中，为保证测量的准确性，对显示出的信号必须正确读数。

对于指针式仪表，读数时应把眼睛的视线通过指针与表盘的刻度线垂直，读取指针所对准的刻度值，若有的表头附有镜面，则读数时只要把指针与镜面内的针影相重合即可读数；对于记录式显示仪表（如记录仪），则是通过记录笔的线位移记录下信号大小的，信号数值可从记录纸上的印格读出，也可用米尺测量、读取。记录读数结果时，应根据显示仪表刻度记录所显示的全部有效数字。

## 三、实训中测量值的可靠性

在分析测试中，即使是很熟练的分析工作者，采用最完善的分析方法和最精密的仪器，对同一个样品在相同的条件下进行多次平行测量，其结果也不会完全一样。这充分说明所有测量结果都具有误差。测量的误差愈大，结果愈不可靠；误差愈小，结果的可靠性就愈大。很大的测量误差，会使结论毫无科学价值，甚至导致错误的结论。因此，对测量结果一定要进行可靠性判断，并设法提高结果的可靠性。

### （一）误差的类型

1. 系统误差

在同一测量条件下，多次重复测量同一量时，测量误差的绝对值和符号都保持不变；或在测量条件改变时，按一定规律变化的误差，称为系统误差。它具有单向性、重现性和可测性的特点。系统误差反映了多次测量值偏离真值的程度。系统误差是由固定不变的或按确定规律变化的因素造成的，这些因素主要有以下几个方面。

（1）仪器误差　由测量仪器、装置不完善而产生的误差。例如，由于天平砝码质量、容量仪器体积或仪表刻度等不准确的因素引起。另外，长期使用后的仪器没有及时校正，或没有调整到理想状态也是引起仪器误差的原因。

（2）方法误差　由实验方法本身或理论不完善而导致的误差。例如，称量分析中由于沉淀的溶解损失或吸附某些杂质而产生的误差；滴定分析中由于指示剂的选择不够恰当，使指示剂的变色点与化学计量点不相符而造成的误差等。这些都系统地影响测量结果，使其偏高或偏低。

（3）试剂误差　是由于实验时所使用的试剂或蒸馏水不纯而造成的。例如，试剂或蒸馏水中含有被测组分或干扰物质等。

（4）操作误差　是由于操作人员主观原因造成的。例如，分析人员在辨别终点颜色时偏深或偏浅，读取刻度值时偏高或偏低等。

2. 偶然误差

偶然误差也叫随机误差，是指测量值受各种因素的随机变动而引起的误差。例如，测量时环境温度、湿度和气压的微小波动，仪器性能的微小变化等，都将使分析结果在一定范围内波动，从而造成误差。由于偶然误差的形成取决于测量过程中一系列偶然因素，其大小和方向都不固定，因此无法测量，也不可能校正。偶然误差难以察觉，也难以控制，是客观存在的，也是不可避免的。

偶然误差似乎很不规律，但消除系统误差后，在同样条件下进行多次测量，实验的偶然误差服从正态分布规律。实验表明，通过增加平行测量的次数，偶然误差可随着测量次数的增加而迅速减小。

3. 过失误差

这是由于实验过程中犯了某种不应有的错误所引起的，如标度看错、记录写错、计算弄错等。此类误差无规则可寻，只要多方警惕、细心操作，过失误差是可以完全避免的。发生这类差错的实验结果必须给予删除。

### （二）准确度与精密度

准确度是指测量值（$x$）与真值（$\mu$）之间一致的程度，用误差（$E$）表示。误差值越小，说明测量值与真值越接近，准确度就越高。精密度是指用相同的方法对同一个试样平行测量多次，得到的结果间相互接近的程度，以偏差来衡量其好坏。偏差值越小，说明多次测量值之间就越接近，精密度就越高。值得注意的是：精密度高的，准确度不一定好；若准确度好，精密度一定高。为了提高分析结果的精密度，必须减小分析过程中的误差，其方法主要有如下几种。

1. 选择合适的分析方法

各种分析方法的准确度和灵敏度是不相同的，根据试样中待测组分的含量选择分析方法。一般说来，高含量组分用滴定分析法或重量分析法，低含量组分用仪器分析法。重量分析法和滴定分析法灵敏度虽不高，但对于高含量组分的测量，能获得比较准确的结果，相对误差一般是千分之几。例如，用 $K_2Cr_2O_7$ 滴定法测量铁的含量为 40.20%，若该方法的相对误差为 0.2%，则铁的含量范围是 40.12%～40.28%，该试样如果用直接比色法进行测量，由于方法的相对误差约 2%，故测得铁的范围在 39.4%～41.0%，误差显然大得多。相反，对于低含量的组分，重量分析法和滴定分析法的灵敏度一般达不到，而一般仪器分析法的灵敏度较高，但相对误差较大，不过对于低含量组分的测量，因允许有较大的相对误差，所以这时采用仪器分析方法比较合适。

2. 减小测量误差

任何分析方法都离不开测量，为了保证分析结果的准确度，必须尽量减少测量误差。例如，在重量分析中，测量步骤是称量，这时就应设法减小称量误差，一般分析天平的称量误差为±0.0002g，为了使测量时的相对误差在 0.1%以下，试样质量就不能太小，从相对误差的计算中可得到试样质量必须在 0.2g 以上；滴定管读数常有±0.01mL 的误差，在一次滴定中读数两次，可能造成±0.02mL 的误差。为使测量时的相对误差小于 0.1%，消耗滴定剂的体积必须在 20mL 以上，最好使体积在 25mL 左右，一般在 20～30mL。

3. 减小偶然误差

在消除系统误差的前提下，平行测量次数愈多，平均值愈接近真值。因此，增加测量次数可以减少偶然误差。在一般化学分析中，对于同一试样，通常要求平行测量3～5次，以获得较准确的分析结果。虽然增加测量次数可获得更为准确的结果，但耗时太多，分析工作中也需要从实际情况出发，选择恰当的测量次数。

4. 消除系统误差

由于系统误差是由某种固定的原因造成的，因而找出这一原因，就可以消除系统误差。找出系统误差的来源有下列几种方法。

（1）对照试验　用一分析方法测量某标准试样或纯物质，并将结果与标准值或纯物质的理论值相对照；亦可用该方法与标准方法或公认的经典方法同时测量某一试样，并对结果进行显著性检验，如果经判断确定两种方法之间有系统误差存在，则需找出原因并予以校正。

（2）空白试验　在不加试样的情况下，按照与试样完全相同的条件和操作方法进行试验，所得的结果称为空白值，从试样结果中扣除空白值就起到了校正误差的作用。空白试验的作用是检验和消除由试剂、溶剂和分析仪器中某些杂质所引起的系统误差。空白值一般较小，经扣除后可以得到比较准确的测量结果。

（3）校准仪器　仪器不准确引起的系统误差，通过校准仪器来减小其影响。例如砝码、移液管和滴定管等，在精确的分析中，必须进行校准，并在计算结果时采用校正值。

（4）校正方法误差　某些分析方法的系统误差可用其他方法直接校正。例如，用重量法测量试样中高含量的$SiO_2$，因硅酸盐沉淀不完全而使测量结果偏低，可用光度法测量滤液中少量的硅，而后将分析结果相加。

提高测量值的精密度是考察结果可靠性的一个重要指标。虽然偶然误差的因素无法控制，但它服从统计规律。增加测量次数，在某种程度上可以将误差减少，提高精密度。当然，仔细的操作，使仪器处于最佳工作状态，正确地存放试样及取样，都将有助于精密度的提高。

### （三）精密度的表示

对于次数有限（$n<20$）的测量，常用以下几种方法表示精密度。

1. 极差 $R$

极差也叫范围误差，是指一组测量数据中最大值（$x_{max}$）和最小值（$x_{min}$）之差，它表示测量误差的范围。

$$R=x_{max}-x_{min} \tag{1-1}$$

极差因为没有利用测量的全部数据，所以精确性较差，但是计算简便，因此常应用于快速分析中。

2. 平均偏差$\bar{d}$和标准偏差 $S$

平均偏差指各个测量值的绝对偏差的绝对值的平均值，即：

$$\bar{d}=\frac{|d_1|+|d_2|+\cdots+|d_n|}{n}=\frac{\sum|d_i|}{n} \tag{1-2}$$

对有限次测量而言，标准偏差（$S$）定义为：

$$S=\sqrt{\frac{\sum_{i=1}^{n}(x_i-\bar{x})^2}{n-1}}=\sqrt{\frac{\sum d_i^2}{n-1}} \tag{1-3}$$

式中，$x_i$ 为测量值；$\bar{x}$ 为测量平均值；$n$ 为测量次数；$d_i$ 为每次测量的偏差。

平均偏差的缺点是无法表示出各测量值之间彼此符合的情况。例如，有两组测量值分别为甲组：2.9，2.9，3.0，3.1，3.1；乙组：2.8，3.0，3.0，3.0，3.2。在甲组测量值中偏差相互接近，而乙组中则有大有小，它们的平均偏差完全相同，但标准偏差不一样，表明这两组数据的离散程度不同。由此可见，标准偏差（$S$）比平均偏差（$\bar{d}$）能更好地反映一组数据精密度的好坏。

3. 相对标准偏差 $RSD$

相对标准偏差又叫变异系数，是指标准偏差（$S$）与测量结果平均值（$\bar{x}$）的比值，即：

$$RSD=\frac{S}{\bar{x}}\times 100\% \tag{1-4}$$

相对标准偏差能把标准偏差与所测的量联系起来，故在估计测量值的离散程度上，用变异系数取代相对平均偏差更合适。

## 四、实训数据处理及实验结果的表达

科学实验数据与分析结果的表示法主要有列表法、图解法和数学方程法。现简述如下。

### （一）列表法

将实验数据按自变量和因变量的关系，以一定的顺序列出数据表，即为列表法。列表法具有直观、简明、易于参考比较的特点，记录实验数据多用此法。

列表法需注意：列表需扼要地标明表名；表格设计要力求简明扼要、一目了然，便于阅读和使用；表头应列出物理量的名称、符号和计算单位，符号与计量单位之间用斜线“/”隔开；行首或列首应写上名称及量纲；记录、计算项目要满足实验需要，如原始数据记录表格上方要列出实验装置的几何参数以及平均水温等常数项；注意有效数字位数，即记录的数字应与测量仪表的准确度相匹配，不可过多或过少。此外，书写时应整齐统一，小数点要上下对齐，方便数据的比较分析。

### （二）图解法

实验数据图解法就是将整理得到的实验数据或结果标绘成描述因变量和自变量的依从关系的曲线图。该法可使测量数据间的关系表达得更为直观，能清楚地显示出数据的变化规律：极大、极小、转折点、周期性、变化速率和其他特性；准确的图形还可以在不知数学表达式的情况下进行微积分运算。例如，用滴定曲线的转折点（一次微商的极大）求电位滴定的终点以及用图解积分法求色谱峰面积等。因此，图解法应用广泛。实验结果处理中，图解法应遵循以下几个原则。

1. 坐标纸的选择

作图首先要选择坐标纸。坐标纸分为直角坐标纸、单对数或对数坐标纸、三角坐标纸和极坐标纸等几种。其中最常用的是直角坐标纸；若一个坐标是测量值的对数，则要用单对数坐标纸，如直接电位法中电位与浓度曲线的绘制；若两个坐标都是测量值的对数，则要用双对数坐标纸，如电位法中连续标准加入法用特殊的格氏(Gran) 图纸来作图求解。

2. 坐标标度的选择

(1) 习惯上横坐标表示自变量，纵坐标表示因变量。

(2) 要能表示全部有效数字。

(3) 坐标轴上每小格的数值，应方便易读，且每小格所代表的变量应为 1、2、5 的整数倍为好，不应为 3、7、9 的整数倍。

(4) 坐标的起点不一定是零，而从略低于最小测量值的整数开始，可使坐标纸利用更充分，作图更紧凑，读数更精确。

(5) 直角坐标的两个变量全部变化范围在两轴上表示的长度要相近，以便正确反映图形特征，坐标标度的选择应使直线与 $x$ 轴成 45°夹角。

3. 图纸的标绘

(1) 各坐标轴应标明其变量名称及单位，并每隔一定距离标明变量的分度值，注意标记分度值的有效数字应与测量数据相同。

(2) 标绘数据点时，可用符号代表，如用⊙，它的中心点代表测得的数据值，圆的半径代表测量的精密度。若在同一张坐标纸上同时标绘几组测量值，则各组要用不同符号表示，如·、⊕、×、⊙、△等，并在图上对这些符号进行说明。

(3) 绘图时，若两个量成线性关系时，按点的分布作一直线，所绘的直线应尽量接近各点，但不必通过所有点，应使数据点均匀分布在线的两旁，且与曲线的距离应接近相等；若绘制曲线，曲线要求光滑均匀，细而清晰，可用曲线板绘制，如有条件鼓励用计算机作图。

## (三) 数学方程法

数学方程法是将实验数据绘制成曲线，与已知的函数关系式的典型曲线（线性方程、幂函数方程、指数函数方程、抛物线函数方程、双曲线函数方程等）进行对照选择，然后用图解法或者数值方法确定函数式中的各种常数。所得函数表达式是否能准确地反映实验数据所存在的关系，应通过检验加以确认。其中常用的是直线方程拟合的方法：直线方程的基本形式是 $y=ax+b$，直线方程拟合就是根据若干自变量 $x$ 与因变量 $y$ 的实验数据确定 $a$ 和 $b$。其中通过最小二乘法确定的系数为：

$$\begin{cases} a=\dfrac{n\sum x_i y_i-\sum x_i \sum y_i}{n\sum x_i^2-(\sum x_i)^2} \\ b=\dfrac{\sum y_i}{n}-a\dfrac{\sum x_i}{n} \end{cases} \tag{1-5}$$

目前，运用计算机将实验数据结果回归为数学方程已成为实验数据处理的主要手段。

## 五、实训室废弃物的处置

在实训、科学实验、生产实践、检测等的过程中，不可避免地会产生大量的废液、废气、废物，即“三废”物质，如果处置不当，定会对环境产生危害，损害人体健康。如，$SO_2$、NO、$Cl_2$ 等气体对人的呼吸道有强烈的刺激作用，对植物也有伤害作用；As、Pb 和 Hg 等化合物进入人体后，不易分解和排出，长期积累会引起胃疼、皮下出血、肾功能损伤等；氯仿、四氯化碳等能致肝癌；多环芳烃能致膀胱癌和皮肤癌；某些铬的化合物触及皮肤会引起其溃烂不止等。为此我国出台了《中华人民共和国固体废物污染环境防治法》《中华人民共和国水污染防治法》等相关法律、法规。因此学生必须学习处理实训过程中的废弃物的方法，严格执行老师提出的要求，防止环境污染，必须对实训过程中产生的毒害物质进行必要的处理后再排放。

### （一）常用的废液处置方法

1. 酸碱废液采取中和法

酸碱性废液都不能直接倒入水槽中，否则会腐蚀管道。酸性废液宜用适当浓度的碳酸钠或氢氧化钙水溶液中和后，再用大量水冲稀排放；碱性废液宜用适当浓度的盐酸溶液中和后，再用大量水冲稀排放。

2. 含有机物的废液采取萃取法

将与水不互溶但对污染物有良好溶解性的萃取剂加入废水中，充分混合，以提取污染物，从而达到净化废水的目的。例如，含酚废水就可以采用二甲苯作为萃取剂。

3. 含重金属离子的废液采取化学沉淀法

在含有重金属离子的废水溶液中加入某些化学试剂，与其中的污染物发生化学反应，生成沉淀，分离除去。如汞离子、铜离子、铅离子、镍离子等，碱土金属如钙离子、镁离子，以及某些非金属离子如砷离子、硫离子、硼离子等，均可采用此法除之。

化学沉淀法又分为氢氧化物沉淀法、硫化物沉淀法、钡盐沉淀法等。

### （二）常用的废气处理方法

1. 溶液吸收法

指采用适当的液体吸收剂处理气体混合物，除去其中有害气体的方法。常用的液体吸收剂有水、酸性溶液、碱性溶液、氧化剂溶液和有机溶剂。它们可用于净化含有 $SO_2$、$NO_2$、HF、$SiF_4$、HCl、汞蒸气、酸雾、沥青烟和各种含有有机化合物蒸气的废气。

2. 固体吸收法

是将废气与固体吸收剂接触，废气少的污染物吸附在固体表面即被分离出来。

它主要用于废气中低浓度的污染物的净化，常见固体吸附剂及处理的吸附物质见表 1-1。

**表 1-1 常见固体吸附剂及吸附物质**

| 固体吸附剂 | 吸附物质 |
| --- | --- |
| 活性炭 | 苯、甲苯、二甲苯、丙酮、乙醇、乙醚、甲醛、汽油、乙酸乙酯、苯乙烯、氯乙烯、$H_2S$、$Cl_2$、CO、$CO_2$、$SO_2$、$NO_x$、$CS_2$、$CCl_4$、$CHCl_3$、$CH_2Cl_2$ |
| 浸渍活性炭 | 烯烃、胺、酸雾、硫醇、$H_2S$、$Cl_2$、HF、HCl、$NH_3$、Hg、HCHO、CO、$CO_2$、$SO_2$ |
| 活性氧化铝 | $H_2O$、$H_2S$、$SO_2$、HF |
| 浸渍活性氧化铝 | 酸雾、Hg、HCl、HCHO |
| 硅胶 | $H_2O$、$NO_x$、$SO_2$、$C_2H_2$ |
| 分子筛 | $NO_x$、$H_2O$、$CO_2$、$CS_2$、$SO_2$、$H_2S$、$NH_3$、$C_mH_n$、$CCl_4$ |
| 焦炭粉粒 | 沥青烟 |
| 白云石粉 | 沥青烟 |

### （三）常用的废渣处理方法

固体废渣的处理主要采用掩埋法。有毒的废渣须先经化学处理后深埋在远离居民区的指定地点，以免毒物溶于地下水而混入饮用水中；无毒废渣可直接掩埋，掩埋地点应作记录。此外，对于有毒且不易分解的有机废渣（或废液），可以用专门的焚烧炉进行焚烧处理。

# 第二篇
# 仪器分析基础实训

## 任务一　电位分析法

### 实训项目一　酸度计性能检测及溶液的 pH 测定

#### 一、实训目的

1. 掌握测定溶液 pH 的原理。

2. 掌握用酸度计测定溶液 pH 的操作。

#### 二、实训原理

将测量电极（玻璃电极）与参比电极（甘汞电极）一起浸在被测溶液中，则组成一个原电池。由于甘汞电极的电极电位不随溶液 pH 变化而改变，所以它们组成的电池的电动势也只随溶液的 pH 而变化。待测溶液 pH 的变化，可以直接表现为它所构成的电池电动势的变化。得知该溶液的电池电动势后，就可以计算出 pH。酸度计的指示装置直接显示的就是 pH。

在 25℃时电池电动势为　　$E=K+0.05916\text{pH}$

常数 $K$ 值很难确定，实际测量中，采用已知标准缓冲溶液定位，运用两次测量法，以抵消电池电动势中的 $K$ 值，从而直接读出被测溶液的 pH。

$$\text{pH}_x=\text{pH}_s-\frac{E_s-E_x}{0.05916}$$

目前常用的 pH 标准溶液体系在各个温度下的 pH 见表 2-1。

#### 三、仪器与试剂

1. 仪器

精密 pH 试纸，pH 复合电极（或使用 pH 玻璃电极和饱和甘汞电极），烧杯。

2. 试剂

pH＝4.00 的标准缓冲溶液，pH＝6.86 的标准缓冲溶液，pH＝9.18 的标准缓冲溶液，pH 未知溶液，广泛 pH 试纸。

表 2-1　不同温度下的 pH 标准缓冲溶液的 pH

| 温度/℃ | 0.05mol·$L^{-1}$邻苯二甲酸氢钾 | 0.025mol·$L^{-1}$磷酸二氢钾<br>0.025mol·$L^{-1}$磷酸氢二钠 | 0.01mol·$L^{-1}$硼砂 |
|---|---|---|---|
| 0 | 4.01 | 6.98 | 9.46 |
| 5 | 4.00 | 6.95 | 9.39 |
| 10 | 4.00 | 6.92 | 9.33 |
| 15 | 4.00 | 6.90 | 9.28 |
| 20 | 4.00 | 6.88 | 9.23 |
| 25 | 4.00 | 6.86 | 9.18 |
| 30 | 4.01 | 6.85 | 9.14 |
| 35 | 4.02 | 6.84 | 9.10 |

## 四、操作步骤

1. 仪器的安装

首先阅读仪器使用说明书，接通电源，安装电极。

2. 仪器的检测

酸度计在使用前，需检测其准确度和重复性。选择两种新配制的 pH 差约 3 个单位的标准缓冲溶液（供试液的 pH 在两者之间），检测仪器的准确度总误差和重复性总误差。要求准确度总误差≤±0.1pH，重复性总误差≤±0.05pH。

3. 仪器的校正（两点校正法）

用广泛 pH 试纸测试待测溶液的 pH 后，用 pH 相接近的标准缓冲溶液和 pH＝6.86 的标准缓冲溶液进行仪器的校正。

4. pH 测定

测量时，先用蒸馏水冲洗两电极，用滤纸轻轻吸干电极上残余的溶液，或用待测液洗电极。然后，将电极浸入盛有待测溶液的烧杯中，轻轻摇动烧杯，使溶液均匀，按下读数开关，指针所指的数值即为待测溶液的 pH，重复几次，直到数值不变（数字式 pH 计在约 10s 内数值变化少于 0.01pH 时），表明已达到稳定读数。测量完毕，关闭电源，冲洗电极，玻璃电极要浸泡在蒸馏水中。

## 五、注意事项

1. 注意保护电极，防止损坏或污染。

2. 电极插入溶液后要充分搅拌均匀（2～3min），待溶液静止后（2～3min）再读数。

3. 复合电极和饱和甘汞电极补充参比补充液，复合电极的外参比补充液是 3mol·$L^{-1}$的氯化钾溶液，饱和甘汞电极的电极补充参比补充液是饱和氯化钾溶液。电极的引出端必须保持干净和干燥，绝对防止短路。

4. 离子选择性电极使用之前要用蒸馏水浸泡活化。

5. 仪器标定好后，不能再动定位和斜率旋钮，否则必须重新标定。

## 六、数据处理

计算试液 pH 的平均值。

1. 在测量溶液的 pH 时，既然有用标准缓冲溶液“校正”这一操作步骤，为什么在酸度计上还要有温度补偿装置？

2. 测量过程中，读数前轻摇烧杯起什么作用？读数时是否还要继续晃动溶液？为什么？

## 实训项目二　酸度计测定药物液体制剂 pH

### 一、实训目的

1. 通过实训，加深对用 pH 酸度计测定溶液 pH 的原理的理解。

2. 掌握酸度计测定溶液 pH 的方法。

### 二、实训原理

直接电位法中测定 pH，目前是以玻璃电极为指示电极，将它作为负极，饱和甘汞电极（SCE）为参比电极（正极），插入溶液中，构成原电池：

$Ag, AgCl(s) | HCl(0.1mol \cdot L^{-1}) |$ 玻璃膜 $|$ 试样溶液 $\|$ $KCl$(饱和) $| Hg_2Cl_2(s), Hg$

该电池的电动势为：

$$
\begin{aligned}
E &= \varphi_{+} - \varphi_{-} = \varphi_{SCE} - \varphi_{玻璃} \\
&= \varphi_{SCE} - \left(K_{玻} - \frac{2.303RT}{F}pH\right) \\
&= E_{SCE} - K_{玻} + \frac{2.303RT}{F}pH \\
&= K + \frac{2.303RT}{F}pH \\
&= K + 0.05916pH(25℃)
\end{aligned}
$$

上式表明，测得电池电动势（$E$）与溶液的 pH 呈线性关系，其斜率为 $\frac{2.303RT}{F}$，该值随温度的改变而改变，因此 pH 酸度计上都设有温度调节钮来调整温度。在实际工作中，由于 $K$ 值受不对称电位的影响，其值不易准确求得，故用酸度计测量 pH，往往采用两次测量法。即先用标准缓冲溶液来校正 pH 酸度计（即定位），则：

$$E_s = K + \frac{2.303RT}{F}pH_s$$

$$E_x = K + \frac{2.303RT}{F}pH_x$$

两式相减，得：

$$E_s - E_x = \frac{2.303RT}{F}(\text{pH}_s - \text{pH}_x)$$

$$\text{pH}_x = \text{pH}_s - \frac{E_s - E_x}{2.303RT/F}$$

在校正时，应选用与被测溶液的 pH 接近的标准缓冲溶液，以减少测定过程中由于残余液接电位而引起的误差。有些玻璃电极或酸度计的性能可能有缺陷，测定溶液 pH 前，要用两种不同 pH 的缓冲溶液进行校正，在用一种 pH 的缓冲溶液定位后，测定相差约 3pH 单位的另一缓冲溶液的 pH 时，误差应在±0.1pH 之内。

应用校正过的酸度计，就可直接测量待测溶液的 pH。

## 三、仪器与试剂

1. 仪器

pHS-25 型酸度计（或其他类型酸度计），E-201-C 型 pH 复合电极，塑料烧杯或玻璃烧杯（25～50mL）。

2. 试剂

邻苯二甲酸钾标准缓冲溶液（0.05mol·$L^{-1}$），混合磷酸盐标准缓冲溶液，注射用葡萄糖溶液和生理盐水。

## 四、操作步骤

1. 按照所使用的酸度计说明书的操作方法进行安装和操作。

2. 实验测量

（1）校准　先用混合磷酸盐标准缓冲液对酸度计进行定位，再测定邻苯二甲酸钾标准缓冲液。

（2）测定　用校准过的 pH 酸度计测定注射用葡萄糖溶液和生理盐水，分别读取 3 次测定的 pH。

3. 测定完毕，洗净电极和烧杯，仪器还原，并关闭仪器电源。

## 五、注意事项

1. 电极在测量前必须用已知 pH 的标准缓冲溶液进行标定。

2. 在每次标定、测量后进行下一次操作前，应该用蒸馏水或去离子水充分清洗电极，再用被测液清洗一次电极。

3. 取下电极护套时，应避免电极的敏感玻璃泡与硬物接触，因为任何破损或擦毛都会使电极失效。

4. 测量结束，及时将电极保护套套上，电极套内应放少量饱和 KCl 溶液，以保持电极球泡的湿润，切忌浸泡在蒸馏水中。

5. 复合电极的外参比补充液为 3mol·$L^{-1}$氯化钾溶液，补充液可以从电极上端小孔加入，复合电极不使用时，盖上橡皮塞，防止补充液干涸。

6. 电极的引出端必须保持清洁干燥，绝对防止输出两端短路，否则将导致测量不准或失效。

7. 电极应与输入阻抗较高的 pH 计（$\geqslant 3\times10^{11}\Omega$）配套，以使其保持良好的特性。

8. 电极应避免长期浸在蒸馏水、蛋白质溶液和酸性氟化物溶液中。

9. 电极避免与有机硅油接触。

10. 电极经长期使用后，如发现斜率略有降低，可把电极下端浸泡在 4% HF（氢氟酸）中 3～5s，用蒸馏水洗净，然后在 $0.1mol\cdot L^{-1}$ 盐酸溶液中浸泡，使之复新，最好更换电极。

11. 被测溶液中如含有易污染敏感球泡或堵塞液接界的物质而使电极钝化，会出现斜率降低，显示读数不准现象。如发生该现象，则应根据污染物质的性质，用适当溶液清洗，使电极复新。

注 1：选用清洗剂时，不能用四氯化碳、三氯乙烯、四氢呋喃等能溶解聚碳酸树脂的清洗液，因为电极外壳是用聚碳酸树脂制成的，其溶解后极易污染敏感玻璃球泡，从而使电极失效。也不能用复合电极去测上述溶液。此时请选用 65-1 型玻璃壳 pH 复合电极。

注 2：pH 复合电极的使用，最容易出现的问题是外参比电极的液接界处，液接界处的堵塞是产生误差的主要原因。

### 六、数据处理

按测定的 3 次葡萄糖和生理盐水的 pH，求其平均值。

## 思考题

1. 为什么校准酸度计要用与待测溶液 pH 相近的标准缓冲溶液？

2. 电极安装时应注意哪些问题？

## 实训项目三　pH 计测定任选中药冲剂 pH

### 一、实训目的

1. 掌握用 pH 计测定溶液 pH 的方法。

2. 掌握直接电位法测定溶液 pH 的原理。

### 二、实训原理

玻璃电极与饱和甘汞电极插入待测溶液中，即组成原电池：

$$Ag,AgCl|HCl(0.1mol\cdot L^{-1})|玻璃膜|H^{+}(x\,mol\cdot L^{-1})\|KCl(饱和)|Hg_2Cl_2,Hg$$

即

$$pH 玻璃电极|试液\|饱和甘汞电极$$

在一定条件下，测得的电池电动势 $E$ 是 pH 的线性函数：

$$25℃时\quad E=K+0.05916pH$$

式中，$K$ 在一定条件下是常数。另外，也可以使用 E-201-C9 复合电极与待测溶液组成工作电池进行测量。E-201-C9 复合电极是 pH 玻璃电极（指示电极）和银-氯化银电极组合在一起的塑料壳可充式复合电极。

由于 $K$ 中包括难于计算的不对称电位和液接电位，实际工作中采用仪器直读法，即先用已知 pH 的标准缓冲溶液校准酸度计，然后直接测量待测溶液的 pH。

酸度计测 pH 具有灵敏度好、分析速度快、测量精确度高（可精确到 0.01 pH 单位）、设备简单、操作方便等特点，而且它不受溶液中氧化剂或还原剂的影响，还可用于有色、浑浊或胶体状态的溶液（如中药冲剂）。

**三、仪器与试剂**

1. 仪器

国产酸度计 pHS-25 型（或其他型号），50mL 小烧杯。

2. 试剂

pH 6.86 标准缓冲溶液（25℃）：分别称取在（115±5)℃干燥 2～3h 的无水磷酸氢二钠（$Na_2HPO_4$）3.533g 和磷酸二氢钾（$KH_2PO_4$）3.387g，溶于不含 $CO_2$ 的去离子水中，并稀释至 1000mL，贮存于塑料瓶或硬质玻璃瓶中，密封保存。

**四、操作步骤**

1. 安装电极

先把电极夹子夹在电极杆上。夹上甘汞电极，把引线叉连接在电极接线柱上。再将玻璃电极夹在夹子上，并使玻璃电极略高于甘汞电极，把电极头插入电极孔内，旋紧螺丝。

2. 连接电源

检查电源电压与仪器电压相符后，将 pH-mV 开关置“0”，接通电源。

3. 校正

（1）短时间测量预热 10min，长时间测量预热 1h 以上。

（2）测量缓冲溶液温度，调节温度补偿器，使指向该温度值。

（3）置 pH-mV 开关于“0”，调节零点调节器使仪表指针指在 pH 7，以 pH 7 为零点。

4. 定位

（1）将标准缓冲溶液倒入测试杯，浸入电极，将 pH-mV 开关旋至与缓冲溶液相应量程范围内。

（2）调节定位调节器，使指针指向 6.86（使用上述 pH 6.86 标准缓冲溶液 25℃)，并摇动测试杯，使指针稳定为止，重复调节定位调节器。定位后，定位调节器不可再旋动。

（3）量程开关回零。

5. 测量

（1）移开缓冲溶液测试杯。用出水淋洗电极，并用滤纸吸干。

（2）将某中药冲剂加蒸馏水溶解后，倒入测试杯中，浸入电极对。

（3）调节 pH-mV 开关测量范围，读出数值。

（4）测量结束，量程选择开关回零，关闭各开关，淋洗电极。

**五、注意事项**

1. 玻璃电极极易碰坏，使用时应特别小心。

2. 玻璃电极在使用前应放在蒸馏水或 $0.1mol \cdot L^{-1}$ HCl 溶液中浸泡 24h 以上。

**六、数据处理**

按测定的 3 次冲剂的 pH，求其平均值。

1. 温度补偿器的作用是什么？

2. 标准缓冲溶液的作用是什么？

## 实训项目四　乙酸的电位滴定分析及其 $pK_a$ 的计算

**一、实训目的**

1. 通过乙酸的电位滴定，掌握电位滴定法测定 pH 的基本原理和基本操作。

2. 学会运用 pH-$V$ 曲线、$\Delta pH/\Delta V$-$\overline{V}$ 曲线与二次微商法确定滴定终点。

3. 掌握测定弱酸电离常数的方法。

**二、实训原理**

电位滴定法是利用滴定过程中指示电位和参比电极的电位差或溶液的 pH 的变化来确定终点的方法。在酸碱电位滴定过程中，随着滴定剂的不断加入，被测物与滴定剂发生反应，溶液 pH 不断变化，从而确定滴定终点。常用的确定滴定终点的方法有如图 2-1 所示的三种。

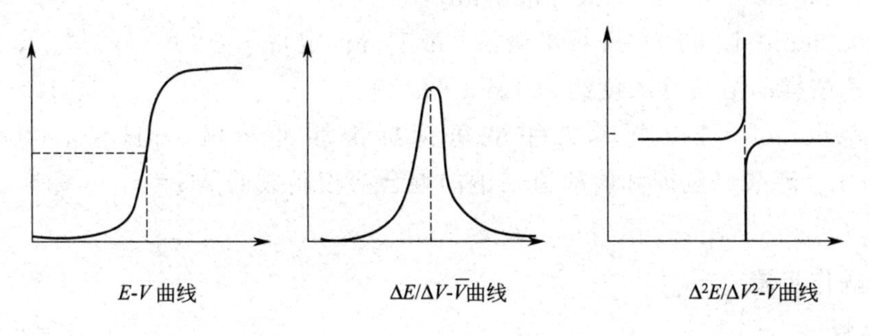


图 2-1　常用的确定滴定终点的方法

乙酸（分子式：$CH_3COOH$，俗名：醋酸）为弱酸，其 $pK_a=4.74$，用 NaOH 标准溶液滴定乙酸溶液时，在化学计量点附近可以观察到 pH 的突跃。

在试样中，以玻璃电极与饱和甘汞电极组成工作电池，其电极组成为：

$$Ag, AgCl | HCl(0.1mol \cdot L^{-1}) | 玻璃膜 | HAc(pH=x) \| KCl(饱和) | Hg_2Cl_2, Hg$$

则有电池电动势 $E$ 与溶液 pH 关系为：

$$E=\varphi_{甘汞}-\varphi_{玻}=\varphi_{甘汞}-(K'-0.05916pH)$$

$$pH=\frac{E-\varphi_{甘汞}+K'}{0.05916}=\frac{E}{0.05916}+K$$

由式中可以看出 $E$ 与 pH 呈线性关系，所以 pH 与滴定液体积的关系曲线的变化趋势与电极电位和滴定液体积的关系曲线相同。可用 pH-$V$ 曲线代替 $E$-$V$ 曲线。滴定过程中，每加一次滴定剂，测一次酸度计的 pH，绘制 pH-$V$ 曲线或 $\Delta pH/\Delta V$-$\overline{V}$，也可用二次微分法确定终点。根据标准碱溶液的浓度、消耗体积和样品溶液体积可求出样品溶液中乙酸的浓度或含量。

根据乙酸的离解平衡：

$$HAc \rightleftharpoons H^+ + Ac^-$$

其离解平衡常数为：

$$K_a=\frac{[H^+][Ac^-]}{[HAc]}$$

当滴定分数为50%时，$[Ac^-]$ 与 $[HAc]$ 相等，所以有：

$$K_a=[H^+]$$

即

$$pH=pK_a$$

所以，在滴定分数为50%处的 pH 即为乙酸的 $pK_a$。

## 三、仪器与试剂

1. 仪器

精密酸度计，磁力搅拌器，玻璃电极，饱和甘汞电极，滴定管，移液管。

2. 试剂

（1）$1.000mol \cdot L^{-1}$ 乙二酸标准溶液；

（2）$0.1mol \cdot L^{-1}$ NaOH 标准溶液（浓度待标定）；

（3）乙酸样品溶液（浓度约为 $1mol \cdot L^{-1}$）；

（4）$0.05mol \cdot L^{-1}$ 邻苯二甲酸氢钾标准缓冲溶液，pH = 4.00（20℃）；$0.05mol \cdot L^{-1}$ 磷酸二氢钾和磷酸氢二钠的混合溶液制成的 pH=6.86 标准缓冲溶液（20℃）。

## 四、操作步骤

1. 安装

按酸度计要求预热仪器，安装洗净电极，选择开关置于 pH 挡。

2. 校正（两点校正法）

分别使用 pH＝4.00（20℃）的标准缓冲溶液和 pH＝6.86（20℃）的标准缓冲溶液对电极进行校准，所得读数与测量温度下缓冲溶液的标准值 $pH_s$ 之差的绝对值不超过 0.05。

3. 碱液的标定

（1）准确吸取乙二酸标准溶液 10.00mL 于 100mL 容量瓶中，并用水稀释至刻度。

（2）准确吸取稀释后的乙二酸标准溶液 5.00mL 于 100mL 烧杯中，加水稀释至 30mL 左右，放入磁力搅拌子。

（3）将待标定的 NaOH 溶液装入滴定管中，开动搅拌器，调节适当的搅拌速度进行粗测，记录每加入 1mL NaOH 时对应的 pH，初步判断发生 pH 突跃所需的 NaOH 体积范围（$\Delta V_{ex}$）。

（4）重复上述操作，并进行细测。开始时仍保持每次加入 1mL NaOH，接近化学计量点时每次滴定量改为 0.10mL，记录消耗 NaOH 体积，绘制 pH-$V$、$\Delta pH/\Delta V$-$\overline{V}$ 或 $\Delta^2 pH/\Delta V^2$-$\overline{V}$ 曲线，确定滴定终点体积 $V_{ex}$，计算 NaOH 的准确浓度，平行测定三次

4. 样品溶液的测定

吸取乙酸样品溶液 10mL 于 100mL 容量瓶中，用蒸馏水稀释至刻度线，混合均匀。取稀释后的乙酸溶液 10mL 置于 100mL 烧杯中，加水稀释至 30mL 左右，参照步骤 3，对乙酸样品进行滴定，并记录相关数据。

**五、注意事项**

1. 对乙酸进行测定时，在细测时于$\frac{1}{2}\Delta V_{ep}$处，应适当增加测量点密度。

2. 滴定过程中，密切观察电位变化，在接近化学计量点附近，减少滴定液用量，准确确定滴定终点。

**六、数据处理**

1. 乙酸原始浓度的计算，以质量浓度表示：

$$\rho(\mathrm{HAc})=\frac{c(\mathrm{NaOH})V(\mathrm{NaOH})\times 60.05}{V(\mathrm{HAc})}$$

式中，$\rho$(HAc) 为样品溶液乙酸的质量浓度，$g \cdot L^{-1}$；$c$(NaOH) 为 NaOH 标准溶液浓度，$mol \cdot L^{-1}$；$V$(NaOH) 为消耗 NaOH 标准溶液体积，mL；$V$(HAc) 为乙酸溶液体积，mL。

2. 乙酸电离常数的计算：

绘制 pH-$V$ 曲线，查出在曲线$\frac{1}{2}\Delta V_{ep}$处对应的 pH 即为乙酸溶液的 $pK_a$，从而求得电离平衡常数 $K_a$。

## 思考题

1. 在标定 NaOH 溶液和测定乙酸含量时，为什么采用粗测和细测两个步骤？
2. 固定电极时，为什么使饱和甘汞电极浸入溶液液面低于玻璃电极？

# 实训项目五 永停滴定法测量磺胺嘧啶的含量

### 一、实训目的

1. 掌握永停滴定法的原理和操作方法。
2. 掌握磺胺类药物重氮化滴定的原理。

### 二、实训原理

磺胺嘧啶是一种用于治疗细菌感染性疾病的合成药物，具有芳伯胺的基本结构，在盐酸等无机酸介质中，能与亚硝酸钠作用生成芳伯胺的重氮盐：

$$ArNH_2 + NaNO_2 + 2HCl \longrightarrow [ArN{\equiv}N]^+ + Cl^- + NaCl + 2H_2O$$

基于这种反应的滴定法是亚硝酸钠滴定法中的一种，所用的滴定剂为亚硝酸钠的标准溶液。磺胺嘧啶的反应式如下：

$$\text{(嘧啶基)}{-}NHSO_2{-}C_6H_4{-}NH_2 + NaNO_2 + 2HCl \longrightarrow$$

$$[\text{(嘧啶基)}{-}NHSO_2{-}C_6H_4{-}N{\equiv}N]^+ Cl^- + NaCl + 2H_2O$$

终点后溶液中少量的 $HNO_2$ 及其分解产物 NO 在有数十毫伏外加电压的两只铂电极下有如下的反应：

阳极 $$NO + H_2O \rightleftharpoons HNO_2 + H^+ + e^-$$

阴极 $$HNO_2 + H^+ + e^- \rightleftharpoons H_2O + NO$$

因此在终点时，滴定电池中由原来无电流通过而变为有恒定的电流通过。

若把两个相同的铂电极插入被测溶液中，在两个电极间外加一电压，然后用亚硝酸滴定。在化学计量点前，两个电极上无电流产生，化学计量点后，溶液中少量的亚硝酸及其分解产物一氧化氮可发生电极反应，滴定电池由原来无电流通过变为有电流通过，致使电流计指针突然偏转，不再回复，从而指示终点。

本法在盐酸酸性条件下进行，使用亚硝酸钠滴定液（$0.1mol \cdot L^{-1}$）滴定。为加快滴定反应的速率，滴定前要加入溴化钾 2g 作为催化剂。为避免亚硝酸钠在酸性条件下形成的亚硝酸挥发和分解，滴定时应将滴定管尖端插入液面下 2/3 处，用亚硝酸钠滴定液迅速滴定，随滴随搅拌，至近终点时，将滴定管尖端提出液面，用少量水淋洗尖端，洗液并入溶液中，继续缓缓滴定至终点，用永停滴定法确定终点。

## 三、仪器与试剂

1. 仪器

永停测定仪，电磁搅拌器，容量瓶，酸式滴定管，甘汞电极，铂电极。

2. 试剂

亚硝酸钠滴定液（0.1mol·$L^{-1}$），磺胺嘧啶，盐酸，KBr（A.R.），淀粉-KI试纸。

## 四、操作步骤

1. 安装永停滴定装置，本实验所用外加电压30～60mV。

2. 0.1mol·$L^{-1}$亚硝酸钠标准溶液的配制与标定

（1）配制　取亚硝酸钠7.2g，加无水碳酸钠（$Na_2CO_3$）0.10g，加水使溶解成1000mL，摇匀。

（2）标定　取在120℃干燥至恒重的基准对氨基苯磺酸约0.5g，精密称定，加水30mL与浓氨试液3mL后，加盐酸（1→2）20mL，搅拌，在30℃以下用本液迅速滴定，滴定时将滴定管尖端插入液面下约2/3处，随滴随搅拌，至近终点时，将滴定管尖端提出液面，用少量水洗涤尖端，洗液并入溶液中，继续缓缓滴定，用永停法指示终点，每1mL亚硝酸钠滴定液（0.1mol·$L^{-1}$）相当于17.32mg对氨基苯磺酸。根据本液的消耗量与对氨基苯磺酸的取用量，算出本液的浓度，即得。

（3）贮藏　置具玻璃塞的棕色玻璃瓶中，密闭保存。

3. 磺胺嘧啶含量的测定

精密称取磺胺嘧啶（SD）约0.5g，加盐酸10mL溶解，再加蒸馏水50mL及溴化钾1g，在电磁搅拌下用亚硝酸钠标准溶液（0.1mol·$L^{-1}$）滴定，将滴定管尖深入液面下2/3处，近终点时，将滴定管尖提出液面，用少量蒸馏水冲洗管尖，冲洗液并入溶液中，继续滴定，直至检流计发生明显偏转不再回复，即达终点，同时用外指示剂淀粉-KI试纸确定终点，并将两种确定方法加以比较，记录滴定所用亚硝酸钠的体积。

重复上述实验，但不加溴化钾，比较终点情况。

注："精密称取"是指称取质量应准确至所称取质量的千分之一，"精密量取"是指量取体积的准确度应符合国家标准中对该体积移液管的精度要求。

## 五、注意事项

1. 电极处理

铂电极在使用前浸泡于含$FeCl_3$溶液（0.5mol·$L^{-1}$）数滴的浓硝酸液中，临用时用水冲洗以除去表面杂质。

2. 酸度

一般以1～2mol·$L^{-1}$为好。

## 六、数据处理

每1mL亚硝酸钠滴定液（0.1mol·$L^{-1}$）相当于25.03mg的$C_{10}H_{10}N_4O_2S$，按下式计算磺胺嘧啶的含量：

$$磺胺嘧啶(\%)=\frac{c_{NaNO_2}V_{NaNO_2}\times 0.2503}{S_{样}}\times 100\%$$

## 思考题

1. 滴定磺胺嘧啶含量时，加入溴化钾与不加溴化钾有什么不同？
2. 具有何种结构的药物可以用亚硝酸钠进行测定？
3. 通过实验比较一下淀粉-KI外指示剂法与永停滴定法的优缺点。

## 附：电极的选择与维护

电位分析法是将一支电极电位与被测物质的活（浓）度有关的电极（称指示电极）和另一支电位已知且保持恒定的电极（称参比电极）插入待测溶液中组成一个化学电池，在零电流的条件下，通过测定电池电动势，进而求得溶液中待测组分含量的方法。其中，电极的正确选择和正确维护是保证测定结果的关键，下面介绍几种电位分析法中常用电极的选择和维护。

### 一、电极的选择

1. 电极膜

就膜电极而言，应根据电极的耐用强度、温度适用范围及在高pH的环境下钠离子的影响而选择不同的玻璃膜。ISFET电极则适用于食品等固态物质的测量。

2. 电极外壳

玻璃外壳具有较好的耐腐蚀性、抗溶解性及超过100℃的耐高温性能；塑料外壳的电极不适用于80℃以上的测量。因此，玻璃外壳的电极适用于精密、高温的常规pH测量，塑料外壳的电极则是较粗糙的应用场合的良好选择。

3. 参比电极

饱和甘汞电极可填充电极允许补充参比电解液重复使用。而密封电极通常填充电解液载体的胶体，当胶体被污染时必须更换电极。甘汞电极的重复使用性和电稳定性在常温及温度比较稳定的状态下较好，但其使用温度不能高于80℃，适用于临床检测，如含有蛋白质的试样、有机缓冲液和高纯水测量等。Ag-AgCl电极具有很好的温度稳定性，在−5～110℃范围内均适用。

4. 复合电极

经济型复合电极可用于实训室及野外常规测量。

5. 实际应用

塑料外壳具有良好的抗冲击性。开口电极则可提供快速、稳定的响应，使用寿命长。特殊测量时应根据情况选择不同的电极长度及半径。可填充电解液的电极使用寿命可有限延长，适于测量有一定黏度的样品或低电导样品。

### 二、电极的维护

1. 玻璃电极

(1) pH玻璃电极的贮存　平时常用的pH电极，短期内放在pH 4.00缓冲溶液中即可。长期存放，用 pH 7.00 缓冲溶液或套上橡皮帽放在盒中。

(2) pH 玻璃电极的清洗　电极上粘有油污，可用浸有丙酮的棉花轻擦，然后放入 0.1mol・$L^{-1}$ HCl 溶液中浸洗 12h，再用蒸馏水反复冲洗。玻璃电极球泡受污染可能使电极响应时间加长，可用 $CCl_4$ 或皂液揩去污物，然后浸入蒸馏水一昼夜后继续使用。污染严重时，可用 5%HF 溶液浸 10～20min，立即用水冲洗干净，然后浸入 0.1mol・$L^{-1}$ HCl 溶液一昼夜后继续使用。

(3) 玻璃电极老化的处理　玻璃电极的老化与胶层结构渐变有关。旧电极响应迟缓，膜电阻高，斜率低。用氢氟酸浸蚀掉外层胶层，经常能改善电极性能。

2. 参比电极

(1) 参比电极的贮存　银-氯化银电极最好的贮存液是饱和氯化钾溶液，高浓度氯化钾溶液可以防止氯化银在液接界处沉淀，并维持液接界处于工作状态。此方法也适用于复合电极的贮存。

(2) 参比电极的再生　参比电极发生的问题绝大多数是由液接界堵塞引起的，针对具体情况选择解决方法。

① 浸泡液接界　用 10%饱和氯化钾溶液和 90%蒸馏水的混合液，加热至 60～70℃，将电极浸入约 5cm，浸泡 20min 至 1h。此法可溶去电极端部的结晶。

② 氨浸泡　当液接界被氯化银堵塞时，将电极内充洗净液，放空后浸入氨水中 10～20min，但不要让氨水进入电极内部。取出电极用蒸馏水洗净，重新加入内充液后继续使用。

③ 真空方法　将软管套住参比电极液接界，使用水流吸气泵抽吸部分内充液穿过液接界，除去机械堵塞物。

④ 煮沸液接界　银-氯化银参比电极的液接界浸入沸水中 10～20s。

3. 离子选择电极

所有离子选择电极的响应部位都不能用手摸。使用后，需用水清洗，并用软纸擦净。

(1) 晶体膜电极在每次测定好样品后，应用细砂纸再生其表面。氟离子选择电极除外，一般用餐具洗涤剂清洗。

(2) 聚合物膜离子选择电极由电极杆和电极头组成，切忌与有机溶剂接触。使用后，不能长时间保存在水中，如有水珠，必须擦净。

# 任务二　紫外-可见分光光度法

## 实训项目一　吸收曲线的绘制

### 一、实训目的

1. 正确使用 UV9100 紫外-可见分光光度计。

2. 学会吸收曲线的绘制，选择最大吸收波长。

3. 掌握邻二氮菲法测量微量铁的实验条件的选择。

## 二、实训原理

在 pH＝2～9 的溶液中，$Fe^{2+}$ 与邻二氮菲能生成一种稳定的橙红色配离子，反应式如下：

$$Fe^{2+}+3\ (\text{N}\ \text{N})\longrightarrow\left[\left(\ \text{N}\rightarrow\ \text{N}\rightarrow\ \right)_3\text{Fe}\right]^{2+}$$

该配离子的 $\lg\beta_3=21.3$（20℃），摩尔吸光系数达 $1.1\times10^4$，反应灵敏。吸收曲线如图 2-2 所示。

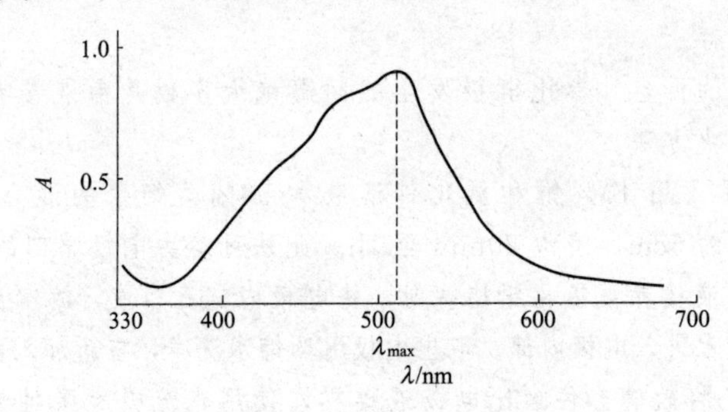


图 2-2　邻二氮菲-铁（Ⅱ）吸收曲线

由于 $Fe^{3+}$ 与邻二氮菲也生成 1∶3 的淡蓝色配合物，因此显色前需用盐酸羟胺或抗坏血酸将 $Fe^{3+}$ 全部还原为 $Fe^{2+}$，然后再加入邻二氮菲，并调节溶液酸度至适宜的显色范围。有关反应如下：

$$2Fe^{3+}+2NH_2OH\cdot HCl\longrightarrow 2Fe^{2+}+N_2\uparrow+2H_2O+4H^{+}+2Cl^{-}$$

在建立一个新的分光光度法时，为了获取较高的灵敏度和准确度，需做一系列条件实验。首先应绘制吸收曲线，同时进行显色剂用量、溶液酸度和配合物稳定性的考查，选出最佳实验条件。本实验利用紫外-可见分光光度计能连续变换波长的性能，绘制邻二氮菲和 $Fe^{2+}$ 的吸收曲线，找出最大吸收波长；同时进行显色剂用量、溶液酸度和配合物稳定性等条件试验，确定最佳实验条件。

## 三、仪器与试剂

1. 仪器

UV9100 型紫外-可见分光光度计，容量瓶（50mL），移液管（1mL、2mL、5mL）；洗耳球。

2. 试剂

$10^{-3}$ mol・$L^{-1}$ 铁标准溶液：准确称取 0.4822g $NH_4Fe(SO_4)_2\cdot12H_2O$ 置于 150mL 烧杯中，加少量水和 80mL 6.0mol・$L^{-1}$ HCl 溶液，溶解后，定量转移到 1L 容量瓶中，用水稀释至刻度，摇匀。

10%盐酸羟胺水溶液：用时现配。

0.15%邻二氮菲水溶液：避光保存，溶液颜色变暗时即不能使用。

1.0mol·$L^{-1}$乙酸钠溶液，6.0mol·$L^{-1}$盐酸溶液，1mol·$L^{-1}$NaOH 溶液。

## 四、操作步骤

1. 吸收曲线的绘制

（1）显色溶液的配制　用吸量管吸取 0.00mL、2.00mL 的铁标准溶液（$10^{-3}$mol·$L^{-1}$），分别加到序号为 1 和 2 的两只 50mL 容量瓶中，加入 1mL 10%盐酸羟胺溶液，摇匀后放置 2min，再各加入 2mL 0.15%邻二氮菲溶液和 5mL 1.0mol·$L^{-1}$乙酸钠溶液，加水稀释至刻度，摇匀待用。

（2）吸光度的测定　按仪器使用操作方法，在 UV9100 紫外-可见分光光度计上，用 1cm 吸收池，以空白溶液（1 号）为参比，在 440～560nm 之间，每隔 10nm 测定一次。每次用空白调节 100%透光率后再测被测溶液（2 号）的吸光度。在波长 510nm 附近每隔 2nm 测定一次，记录不同波长处的吸光度。

（3）吸收曲线的绘制和最大波长的确定

① 以选定波长为横坐标，相应的吸光度为纵坐标，将测得的值逐点绘制在坐标纸上即得到吸收曲线。

② 从吸收曲线上查找到最大吸收峰所对应的波长，即 $\lambda_{max}$。

2. 条件试验

（1）显色剂用量的确定　在 8 只 50mL 容量瓶中，各加 2.0mL $10^{-3}$mol·$L^{-1}$铁标准溶液和 1.0mL 10% 盐酸羟胺溶液，摇匀后放置 2min。分别加入 0.00mL、0.20mL、0.40mL、0.60mL、0.80mL、1.00mL、2.00mL 和 4.00mL 的 15%邻二氮菲溶液，再各加 5.0mL 1.0mol·$L^{-1}$乙酸钠溶液，以水稀释至刻度，摇匀。以不加显色剂的溶液作为空白溶液，用 1cm 比色皿，在选定波长下测量各浓度溶液的吸光度。以显色剂邻二氮菲的体积为横坐标、相应的吸光度为纵坐标，绘制吸光度-显色剂用量曲线，确定显色剂的用量。

（2）溶液适宜酸度范围的确定　在 9 只 50mL 容量瓶中各加入 2.0mL $10^{-3}$mol·$L^{-1}$铁标准溶液和 1.0mL 10% 盐酸羟胺溶液，摇匀后放置 2min。各加 2mL 15%邻二氮菲溶液，然后从吸量管中分别加入 0.00mL、0.20mL、0.50mL、1.00mL、1.10mL、1.30mL、1.50mL、2.00mL 和 2.50mL 1mol·$L^{-1}$NaOH 溶液，以水稀释至刻度，摇匀。用精密 pH 试纸或酸度计测量各溶液的 pH。然后以不含铁的相应的试剂溶液作空白溶液，用 1cm 比色皿，在选定波长下测量各浓度溶液的吸光度。以 pH 为横坐标、相应的吸光度为纵坐标，绘制 A-pH 曲线，找出适宜的 pH 范围。

（3）配合物稳定性的研究　用吸量管移取 2.0mL $10^{-3}$mol·$L^{-1}$铁标准溶液于 50mL 容量瓶中，加入 1.0mL 10%盐酸羟胺溶液，混匀后放置 2min。加 2.0mL 15%邻二氮菲溶液和 5.0mL 1.0mol·$L^{-1}$乙酸钠溶液，用水稀释至刻度，摇匀。然后以不含铁的相应的试剂溶液作空白溶液，用 1cm 比色皿，立刻在选定波长下测定溶液的吸光度。然后放置 5min、10min、30min、1h、2h、3h，每放置一段时间测量一次溶液的吸光度。以放置时间为横坐标、相应的吸光度为纵坐标绘制 $A$-$t$ 曲线，从曲线观察配合物的稳定性时间。

**五、注意事项**

1. 在每次测定前，首先应做吸收池配对性试验。

2. 仪器不测定时，应打开暗箱盖，以保护光电管。

3. 在满足分析要求时，灵敏度应尽量选用低挡。

4. 为使比色皿中测定溶液与原溶液的浓度保持一致，需要用原溶液荡洗比色皿 2～3 次。

5. 配制溶液时，必须先加盐酸羟胺溶液，后加邻二氮菲溶液，顺序不能颠倒。

**思考题**

1. 本实验中加盐酸羟胺、醋酸钠的作用各是什么？

2. 本实验为什么要选择酸度、显色剂用量和有色溶液的稳定性作为条件实验的项目？

3. 制作标准曲线和进行其他条件实验时，加入试剂的顺序能否任意改变？为什么？

## 实训项目二　原料药品吸光系数的测定

**一、实训目的**

1. 掌握测定原料药品吸光系数的知识和操作方法。

2. 熟练掌握分光光度计的原理及操作方法。

**二、实训原理**

根据药品的分子结构，确定药品是否有紫外吸收光谱。如果有，则配制一个溶液，使其浓度于最大吸收波长处的吸光度在 0.4～0.7 之间。测定完整的吸收光谱，找出干扰小且能较准确测定的最大吸收波长。然后再配制准确浓度的溶液，在选定的吸收峰波长处测定吸光度，按 $E_{1cm}^{1\%}=A/(cL)$ 式计算其吸光系数。

欲测定吸光系数的药品，必须重结晶数次或用其他方法提纯，使熔点敏锐、熔距短，在纸上或薄层色谱板上进行色谱分离时，无杂斑。此外，所用分光光度计及天平、砝码、容量瓶、移液管都必须按鉴定标准经过校正，合乎规定标准的才能用于测定药品的吸光系数。

药品应事先干燥至恒重（或测定干燥失重，在计算中扣除）。称量时要求称量误差不超过0.2%。例如称取10mg应称准至0.02mg，测定时应同时称取2份样品，准确配制成吸光度在0.7～0.8的溶液，分别测定吸光度，换算成吸光系数。两份之间相差不超过1%。再将溶液稀释1倍，使吸光度在0.3～0.4，同上测定、换算，2份之间差值亦应在1%以内。按浓溶液和稀溶液计算的吸光系数之间差值也应在1%以内。药品的吸光系数经5台以上不同型号的紫外分光光度计测定，所得结果再经数理统计方法处理，相对偏差在1%以内，最后确定吸光系数值。

本实验以原料药扑尔敏（氯苯那敏）的吸光系数测定为例，了解药品吸光系数测定的知识和操作方法。

## 三、仪器与试剂

1. 仪器

5台以上型号的紫外分光光度计，容量瓶（100mL、50mL），移液管（5mL、10mL），洗耳球。

2. 试剂

扑尔敏原料药，在105℃干燥至恒重；$H_2SO_4$溶液（0.05mol·$L^{-1}$）。

## 四、操作步骤

1. 仪器校正

对称量的天平、砝码，配制溶液的容量瓶、移液管等仪器先进行校正。

校验过的紫外分光光度计。

所用溶液须先测定其空白透光率，应符合规定。

2. 溶液的配制

取在105℃干燥至恒重的扑尔敏纯品约0.01500g，精密称定，同时称取2份。分别用$H_2SO_4$溶液（0.05mol·$L^{-1}$）溶解，定量转移至100mL容量瓶中，用$H_2SO_4$溶液（0.05mol·$L^{-1}$）稀释至刻度，得标准溶液Ⅰ和Ⅱ。标准溶液Ⅰ和Ⅱ作为两组，每组各取3只50mL容量瓶，用移液管分别加入5.00mL和10.00mL扑尔敏标准溶液于两只容量瓶中，另一只容量瓶做空白，分别用$H_2SO_4$溶液（0.05mol·$L^{-1}$）稀释至刻度，摇匀。

3. 吸光系数的测定

（1）找出吸收峰的波长　以$H_2SO_4$溶液（0.05mol·$L^{-1}$）为空白，测定扑尔敏标准溶液吸收峰的波长，在扑尔敏$\lambda_{max}$=264nm前后测几个波长的吸光度，以吸光度最大的波长作为吸收峰波长。

（2）测定溶液的吸光度　用已经校验过的紫外分光光度计进行测定，以选定的吸收池盛空白溶液，用已测出校正值的另一吸收池盛样品溶液，在选定的吸收峰波长处按常规方法测定吸光度。用上述选定的吸收峰波长，分别测定2份样品浓、稀溶液共4个测试溶液的吸光度，减去空白校正值为实测吸光度值。

## 五、注意事项

1. 样品若非干燥至恒重，应扣除干燥失重，即样重＝称量值×(1－干燥失重%)。

2. 测定样品前，应先检查所用溶剂在测定样品所用波长附近是否有吸收（要求不得有干扰峰)。用1cm石英吸收池盛溶剂，以空气为空白测定其吸光度。在220～240nm范围内，溶剂和吸收池的吸光度不得超过0.40，在241～250nm范围内不得超过0.20，在251～300nm范围内不得超过0.10，在300nm以上时不得超过0.05。

3. 将浓溶液稀释1倍时，应用同一批号溶剂稀释。

4. 如遇易分解破坏的品种，在保存时应考虑密封充氮熔封。

**六、数据处理**

1. 药品浓、稀溶液的吸光系数按下式计算：

$$E_{1cm}^{1\%}=\frac{A}{\frac{W_{样}(g)}{100}\times\frac{5}{50}\times100} \quad （稀溶液）$$

$$E_{1cm}^{1\%}=\frac{A}{\frac{W_{样}(g)}{100}\times\frac{10}{50}\times100} \quad （浓溶液）$$

2. 计算同一组浓、稀溶液的吸光系数，其差值应在1%以内。

3. 计算在5台不同型号紫外分光光度计上测定所得吸光系数，其差值亦应在1%以内。

**思考题**

1. 测定药品吸光系数时，先配制某一浓度的溶液测其吸光度，然后稀释一倍后再测其吸光度。根据浓、稀两溶液吸光度换算所得吸光系数的差值不得大于1%，为什么？

2. 确定一个药品的吸光系数为什么要有这么多的要求？它的测定和使用涉及哪些主要因素？

3. 百分吸光系数与摩尔吸光系数的意义和作用有何区别？怎样换算？将你测得的百分吸光系数换算成摩尔吸光系数。为什么摩尔吸光系数的表示方法常取三位有效数字或用对数值表示？

## 实训项目三　水中微量氨的比色分析

**一、实训目的**

1. 进一步认知和掌握分光光度计结构及使用方法。

2. 了解优化选择显色反应的最佳实验条件。

3. 掌握标准曲线法测定水中微量氨的分析方法。

## 二、实训原理

水中微量氨与一定量的钠氏试剂反应形成黄棕色配合物胶态溶液，其色度与氨的含量成正比，即溶液吸光度与水中氨的浓度服从朗伯-比尔定律：$A=Klc$。根据这一定量关系，运用工作曲线法即能求得氨的含量。

无色澄清水样可用本法直接测定，水中钙、镁、铁等金属离子干扰测定，可加入掩蔽剂如酒石酸钾钠、EDTA 等消除干扰。

## 三、仪器与试剂

1. 仪器

可见分光光度计，玻璃比色皿，容量瓶，刻度吸管等。

2. 试剂

（1）无氨蒸馏水　本实验使用无氨蒸馏水。在每升蒸馏水中加 0.1mL 浓硫酸进行重蒸馏或将蒸馏水通过强酸性阳离子交换树脂制备。

（2）钠氏试剂　称取 7.5g 碘化钾溶于 10mL 无氨蒸馏水中，在搅拌下分批次少量加入 3.5g 固体粉末氯化汞，必要时可微热增加溶解度。然后边充分搅拌边滴加饱和氯化汞溶液，直到出现少量朱红色沉淀不再溶解时停止。冷却至室温，在搅拌下缓慢倒入冷的氢氧化钠溶液（22g 氢氧化钠溶解于 60mL 水中）并稀释至 150mL，于暗处放置一昼夜。取上清液贮于棕色细口瓶中，用橡皮塞密塞置于暗处可保存一个月。

（3）酒石酸钾钠溶液　称取 50g 酒石酸钾钠溶于适量水中加热煮沸，冷至室温后稀释至 100mL。

（4）氨标准贮备液　准确称取 3.1409g 于 100℃干燥过的无水氯化铵，适量水溶解后定量移入 1L 容量瓶中，稀释至刻度充分摇匀。此溶液中氨的浓度为 $1.00mg \cdot mL^{-1}$。

（5）氨标准使用液　准确吸取氨标准贮备液 10.00mL 于 1L 容量瓶中，用无氨水稀释至标线充分摇匀。此溶液中氨的浓度为 $10.00\mu g \cdot mL^{-1}$。

（6）含氨水样　准确吸取适量水样置于 50mL 比色管中，用水稀释至标线摇匀。

## 四、操作步骤

1. 检测设备及其附件情况，打开仪器，预热。

2. 配制氨标准系列溶液

分别吸取浓度为 $10.00\mu g \cdot mL^{-1}$ 的氨标准使用液 0.00mL、0.50mL、1.00mL、

3.00mL、5.00mL、7.00mL、10.00mL，移入7只已编号的50mL比色管中，用无氨水稀释至刻度摇匀。该标准系列溶液氨的含量依次为0.00μg、5.00μg、10.00μg、30.00μg、50.00μg、70.00μg、100.0μg。

3. 显色

于上述各标准系列管中分别加入酒石酸钾钠溶液1.00mL，待摇匀后再加入钠氏试剂1.50mL，摇匀后放置10min。

含氨水样与标准系列溶液同步显色。

4. 测定吸光度

于波长420nm处，用光程长度为1cm比色皿，以试剂空白为参比溶液调零后，将氨标准系列溶液按浓度由低到高顺序依次测量吸光度并记录；相同条件下测得含氨水样的吸光度并记录。

5. 结束工作

测量完毕后，关机，收拾整理好台面，打扫实训室卫生。

## 五、注意事项

1. 水样浑浊、有颜色或含干扰物质较多时，则需对水样采取蒸馏或凝聚沉淀等预处理步骤。

2. 显色剂钠氏试剂的配制影响方法的灵敏度，应掌握钠氏试剂的正确配制方法。还应注意实训室环境空气是否存在氨污染。

3. 显色温度、显色时间、反应酸度等决定着反应进行程度和有色溶液的稳定性，应保证显色反应在最佳实验条件下完成。

## 六、数据处理

1. 记录原始数据

将测得的吸光度填入表2-2中。

**表2-2 氨标准系列溶液及水样中氨的吸光度**

| 编号 | 1 | 2 | 3 | 4 | 5 | 6 | 7 | 8 |
|---|---|---|---|---|---|---|---|---|
| 氨含量/μg | 0.00 | 5.00 | 10.00 | 30.00 | 50.00 | 70.00 | 100.0 | 水样 |
| 吸光度(A) | | | | | | | | |

2. 绘制标准曲线

根据实验数据，绘出溶液吸光度对氨含量的工作曲线。

3. 分析结果计算

由水样测得的吸光度，从工作曲线上查得氨的含量，按下式计算出水样中微量氨的浓度。

$$c_{NH_3}(mg \cdot L^{-1}) = \frac{m_{NH_3}}{V}$$

式中，$m_{NH_3}$ 为由工作曲线上查得水样中的氨量，$\mu g$；$V$ 为水样体积，mL。

## 思考题

1. 优化选择最佳显色反应条件对测量有何意义？
2. 水样中若有不溶态悬浮物存在时，对测定有无影响？
3. 实验中若用水作参比测定吸光度，应如何绘制标准曲线？

# 实训项目四　用邻二氮菲显色分光光度法测定铁的含量

## 一、实训目的

1. 了解分光光度计的主要构造和使用方法。
2. 能选择分光光度分析的实验条件和使用该法测定铁的含量。
3. 在处理实验数据时掌握如何绘制标准工作曲线。

## 二、实训原理

邻二氮菲（phen）可以与亚铁离子（$Fe^{2+}$）在 pH＝2～9 的溶液中生成稳定的橙红色邻二氮菲亚铁离子配合物（$[Fe(phen)_3]^{2+}$），$\lg K_{稳}=21.3$（20℃），可通过可见分光光度法进行分析。该法具有选择性强、灵敏度高的特点，常用于微量铁的测定。

$$3\ \text{phen} + Fe^{2+} \longrightarrow [Fe(phen)_3]^{2+}$$

溶液中的铁离子（$Fe^{3+}$）与邻二氮菲能形成稳定性较差的淡蓝色配合物，需在显色前加入盐酸羟胺将溶液中的 $Fe^{3+}$ 还原为 $Fe^{2+}$。其反应式如下：

$$2Fe^{3+} + 2NH_2OH \cdot HCl \longrightarrow 2Fe^{2+} + N_2 + H_2O + 4H^+ + 2Cl^-$$

邻二氮菲亚铁离子配合物的显色受到显色剂用量、溶液酸碱度和时间等因素的影响，所以需要进行预实验以确定最适合的实验条件。

## 三、仪器与试剂

1. 仪器

722 型分光光度计（或其他型号的分光光度计），5mL 吸量管，1mL 吸量管，

50mL 容量瓶，1000mL 容量瓶，小烧杯，洗耳球。

2. 试剂

铁铵矾 [$NH_4Fe(SO_4)_2 \cdot 12H_2O$](A. R.)，0.15%邻二氮菲水溶液（临用时配制），10%盐酸羟胺水溶液（临用时配制），1mol·$L^{-1}$乙酸钠溶液，1mol·$L^{-1}$ NaOH 溶液，盐酸（1+1）。

## 四、操作步骤

1. 铁标准溶液的配制

（1）铁标准溶液（1.0×$10^{-3}$mol·$L^{-1}$）的配制　准确称取铁铵矾 [$NH_4Fe(SO_4)_2 \cdot 12H_2O$] 0.4820g，加入盐酸（1+1）20mL 和少量纯化水，溶解后，定量转移到1000mL 容量瓶中，以纯化水稀释至刻度，摇匀。

（2）铁标准溶液（100μg·$mL^{-1}$）的配制　准确称取铁铵矾 [$NH_4Fe(SO_4)_2 \cdot 12H_2O$] 0.8620g，加入盐酸（1+1）20mL 和少量纯化水，溶解后，定量转移到1000mL 容量瓶中，以纯化水稀释至刻度，摇匀。

2. 实验条件的选择

（1）吸收曲线的绘制和最大吸收波长的选择　用吸量管吸取 2.00mL 1.0×$10^{-3}$mol·$L^{-1}$铁标准溶液于 50mL 容量瓶中，加入 1mL 10%盐酸羟胺溶液，摇匀，加入 2mL 0.15%邻二氮菲溶液和 5mL NaAc 溶液，以水稀释至刻度，摇匀。放置10min 后，在 722 型分光光度计上以不加铁标准溶液的相应溶液作空白溶液，在440～500nm 和 520～560nm 之间，每隔 10nm 测量一次吸光度。在 500～520nm 之间，每隔 2nm 测量一次吸光度。在坐标纸上，以波长 $\lambda$ 为横坐标，吸光度 $A$ 为纵坐标，绘制吸收曲线，找到最大吸收波长 $\lambda_{max}$，并记录。

（2）显色剂用量的选择　取 7 只 50mL 容量瓶，各加入 2.00mL 1.0×$10^{-3}$mol·$L^{-1}$铁标准溶液和 1mL 10%盐酸羟胺溶液，摇匀。分别加入 0.00mL、0.30mL、0.80mL、1.00mL、2.00mL、3.00mL 及 4.00mL 0.15%邻二氮菲溶液和 5.0mL NaAc 溶液，以水稀释至刻度，摇匀，放置 10min。以不加显色剂的溶液为参比溶液，在 $\lambda_{max}$ 下测定各溶液的吸光度。以邻二氮菲溶液体积 $V$ 为横坐标，吸光度 $A$ 为纵坐标，绘制吸光度 $A$-试剂用量 $V$ 曲线，从而确定最佳显色剂用量，并记录。最佳显色剂用量为能引起最大吸光度的最小使用量。

（3）显色时间　取 1 只 50mL 容量瓶，加入 1.0×$10^{-3}$ mol·$L^{-1}$铁标准溶液 2.00mL、10%盐酸羟胺溶液 1mL、0.15%邻二氮菲溶液 2mL、NaAc 溶液 5mL，用水稀释至刻度，摇匀。以不加铁标准溶液的相应溶液作空白溶液，立刻在 $\lambda_{max}$ 下测定吸光度。然后依次放置 5min、10min、30min、60min、120min 和 180min，测定相应的吸光度。以时间 $t$ 为横坐标，吸光度 $A$ 为纵坐标，绘制吸光度 $A$ 与 $t$ 的显色时间影响曲线，从曲线上观察有色溶液的稳定时间，并记录。

3. 标准曲线的制作

用移液管分别吸取 100μg·$mL^{-1}$铁标准溶液 0.00mL、0.20mL、0.40mL、

0.60mL、0.80mL 和 1.00mL，分别置于 6 支 50mL 容量瓶中，各加入 10%盐酸羟胺溶液 1mL，邻二氮菲溶液［用量由条件实验（2）确定］和 NaAc 溶液 5.0mL，每加入一种试剂后都要摇匀，以纯化水稀释至刻度，摇匀后放置［放置时间由条件实验（3）确定］。在 $\lambda_{max}$ 处，以不加铁标准溶液的相应溶液作空白溶液，测定各溶液吸光度 $A$。以铁含量 $c$ 为横坐标，吸光度 $A$ 为纵坐标，绘制标准曲线。

4. 试样中铁含量的测定

准确吸取待测水样 10.00mL，置于 50mL 容量瓶中。按上述制备标准曲线的制作步骤，加入各种试剂，测定其吸光度。

**五、注意事项**

1. 不能颠倒各种试剂的加入顺序。
2. 每改变一次波长必须重新调零。

**六、数据处理**

根据标准曲线查得浓度（$\mu g \cdot mL^{-1}$）：$c_x$

试样中铁的含量（$\mu g \cdot mL^{-1}$）：$c_{Fe样品}=c_x\times\frac{50.0}{10.0}$

1. 邻二氮菲分光光度法测定微量铁时为何要加入盐酸羟胺溶液？
2. 参比溶液的作用是什么？在本实验中可否用蒸馏水作参比？
3. 邻二氮菲与铁的显色反应，其主要条件有哪些？

## 实训项目五　分光光度法测定高锰酸钾溶液的浓度

**一、实训目的**

1. 掌握用分光光度法测定物质含量的方法。
2. 熟悉如何寻找最大吸收波长以及吸收光谱曲线和标准曲线的绘制方法。
3. 能分析所测的数据，并给出结果。

**二、实训原理**

高锰酸钾溶液呈紫红色，在可见光区具有固定的最大吸收波长位置，峰形明显。如在避光条件下保存，其峰位和峰形可长期稳定不变，可以用紫外-可见分光光度法对其进行分析与定量。

## 三、仪器与试剂

1. 仪器

722型分光光度计（或其他型号的分光光度计），分析天平，25mL容量瓶，50mL容量瓶，1mL刻度吸管，5mL刻度吸管，10mL胖肚移液管，烧杯，洗瓶，洗耳球，量筒，玻璃棒。

2. 试剂

$KMnO_4$标准溶液（125μg·mL$^{-1}$），纯化水。

## 四、操作步骤

1. $KMnO_4$工作溶液的配制（50μg·mL$^{-1}$）

移取$KMnO_4$标准溶液10.00mL置于25mL容量瓶中，加纯化水至刻度，混匀，备用。

2. 测定$KMnO_4$吸收光谱$\lambda_{max}$值

在722型分光光度计上，以纯化水为空白管，依次照表2-3选择不同的波长，测得$KMnO_4$工作溶液（50μg·mL$^{-1}$）在不同波长下相应的吸光度$A$，并记录在表2-3中。以波长为横坐标，吸光度为纵坐标，绘制$KMnO_4$溶液吸收光谱曲线图。在曲线上找出吸光度最大处所对应的波长，即为最大吸收波长，用$\lambda_{max}$表示。

**表2-3　吸收曲线的绘制**（测定$\lambda_{max}$值）

| 波长$\lambda$/nm | 500 | 510 | 514 | 516 | 518 | 520 | 522 | 524 | 526 | 528 |
|---|---|---|---|---|---|---|---|---|---|---|
| $A$ | | | | | | | | | | |
| 波长$\lambda$/nm | 530 | 532 | 534 | 536 | 538 | 540 | 542 | 544 | 560 | 580 |
| $A$ | | | | | | | | | | |

3. $KMnO_4$标准工作溶液的配制

分别吸取$KMnO_4$标准溶液（125μg·mL$^{-1}$）1.00mL、2.00mL、3.00mL、4.00mL和5.00mL置于25mL容量瓶中，加纯化水至刻度，摇匀，得到一系列浓度不同的溶液（5μg·mL$^{-1}$、10μg·mL$^{-1}$、15μg·mL$^{-1}$、20μg·mL$^{-1}$和25μg·mL$^{-1}$）。

4. 高锰酸钾标准曲线的绘制

在722型分光光度计上，以纯化水为空白，依次照表2-4在波长为$\lambda_{max}$处依次测定$KMnO_4$标准工作溶液（5μg·mL$^{-1}$、10μg·mL$^{-1}$、15μg·mL$^{-1}$、20μg·mL$^{-1}$和25μg·mL$^{-1}$）的吸光度，以溶液浓度$c$为横坐标，吸光度$A$为纵坐标，绘制标准曲线图。

**表2-4　不同浓度溶液的吸光度**

| 工作溶液体积/mL | 0 | 1 | 2 | 3 | 4 | 5 | 5(样品) |
|---|---|---|---|---|---|---|---|
| 标准溶液浓度/μg·mL$^{-1}$ | 0 | 5 | 10 | 15 | 20 | 25 | |
| 吸光度$A$ | | | | | | | |

5. 待测溶液的测定

取待测溶液 5.00mL，置于 25mL 容量瓶中，加纯化水至刻度，摇匀，在分光光度仪上测出其吸光度 $A$。

**五、注意事项**

1. 吸收曲线和标准曲线及待测溶液的测定应在同一台仪器上进行，且测定条件相同。

2. 高锰酸钾含有少量二氧化锰等杂质，并能和水中微量还原性物质反应，所以不能直接由高锰酸钾配得标准溶液。高锰酸钾标准溶液须由教师预先配制并标定。

**六、数据处理**

根据标准曲线查得样品的浓度（$\mu g \cdot mL^{-1}$）：$c_x$

试样中高锰酸钾的含量（$\mu g \cdot mL^{-1}$）：$c_{高锰酸钾样品} = c_x \times \frac{25.00}{5.00}$

## 思考题

1. $\lambda_{max}$在定量分析中有何重要意义？
2. 本实验中，为什么要用纯化水作参比溶液（空白溶液）？
3. 简述高锰酸钾标准溶液的配制与标定方法。

### 附：比色皿的使用

**一、比色皿介绍**

比色皿又称吸收池或比色杯，是分光光度分析中盛放样品溶液的容器，一般为长方形，其底部及两侧为磨毛玻璃，另两面为光学玻璃制成的透光面，光通过透光面与比色皿内溶液发生作用。比色皿的光程可在 0.1～10cm，材料有玻璃比色皿和石英比色皿两种。石英比色皿可用于紫外区和可见区，而玻璃制成的比色皿仅适用于可见光区。

**二、比色皿的选择**

测量入射光波长在 350nm 以上时，可选用玻璃比色皿或石英比色皿，入射光波长小于 350nm 为紫外光时，由于玻璃能够吸收紫外光，所以必须使用石英比色皿。石英比色皿常配有盖或磨口塞，用于有机溶剂所配制的吸光度的测量，以防止因有机溶剂挥发而改变溶液的浓度。

比色皿有不同的光程长度，一般常用的有 0.5cm、1cm、2cm、3cm 规格，其中以 1cm 光程的比色皿最为常用。比色皿的光程长度决定了溶液的液层厚度。选择合适的比色皿应视具体分析样品的吸光度而定。通常当待测样品溶液颜色较深时，选用光程长度较小如 0.5cm、1cm 光程的比色皿；当样品溶液颜色较浅时，可选光程长度较大的比色皿。比色皿的选择以所测样品溶液的吸光度 $A$ 在 0.3～0.7 为宜。

**三、比色皿的配套性检验**

将待检测的比色皿都注入蒸馏水，固定入射光波长，将其中一只的透射率调至 100%处，测量其他各只的透射率 $T$，其偏差小于 0.5%，即可配套使用。

**四、比色皿的使用**

比色皿的选择和使用正确与否，直接影响测量结果，在使用过程中应注意以下规则。

(1) 选择干燥、洁净的一套比色皿，其中一只盛放参比溶液，其他盛放待测样品溶液，置于光度计的液槽架内。

(2) 拿取比色皿时，应拿取比色皿的磨砂面（毛面）。放入液槽架前，如比色皿的透光面有残液，可先用滤纸轻轻吸附，再用擦镜纸轻轻沿同一方向进行擦拭，比色皿内部不能黏附细小气泡，外部透光面不能留有纤维，以免影响透光率。此外，比色皿的光滑面易磨损，应注意保护。

(3) 盛装溶液时，保持比色皿内待测溶液浓度与原溶液浓度的一致性，用原溶液荡洗 2～3 次。溶液高度为比色皿的 3/4 为宜，最多不超过 4/5，以防止溶液过满溢出，污染仪器。

(4) 同一组测量过程中，盛放参比溶液和盛放样品溶液的比色皿不能互换。对于带有箭头标记的比色皿，在测量时，应注意按同一方向的箭头标记放入光路，并使比色皿紧靠入射光方向，透光面垂直于入射光，以减少光的反射损失。

(5) 实验结束，应立即将比色皿从仪器内取出，并进行洗涤。可先用自来水冲洗，再用蒸馏水冲洗 2～3 次。如比色皿被有机化合物污染，则需选择合适的洗液进行洗涤，通常选用盐酸-乙醇(1∶2) 溶液浸泡片刻后，再用水冲洗。在洗涤中，应注意不能用碱液或强氧化性洗液清洗，切忌用毛刷刷洗。比色皿不能放在火焰或电炉上进行加热或干燥箱内烘干，将比色皿倒置于干净的滤纸上，风干后存放于比色皿盒中即可。

# 任务三　红外吸收光谱法

## 实训项目一　认识傅里叶变换红外光谱仪

**一、实训目的**

1. 学习傅里叶变换红外光谱仪工作原理及操作方法。
2. 掌握傅里叶变换红外光谱仪的性能检查方法。

**二、实训原理**

傅里叶变换红外光谱仪是测量各种化合物红外谱图的仪器，不仅应用于石油化工、有机化学、高分子化学、药品、食品分析等传统领域，还应用于半导体、光学、电子装置等新技术领域，图 2-3 是其工作原理图。

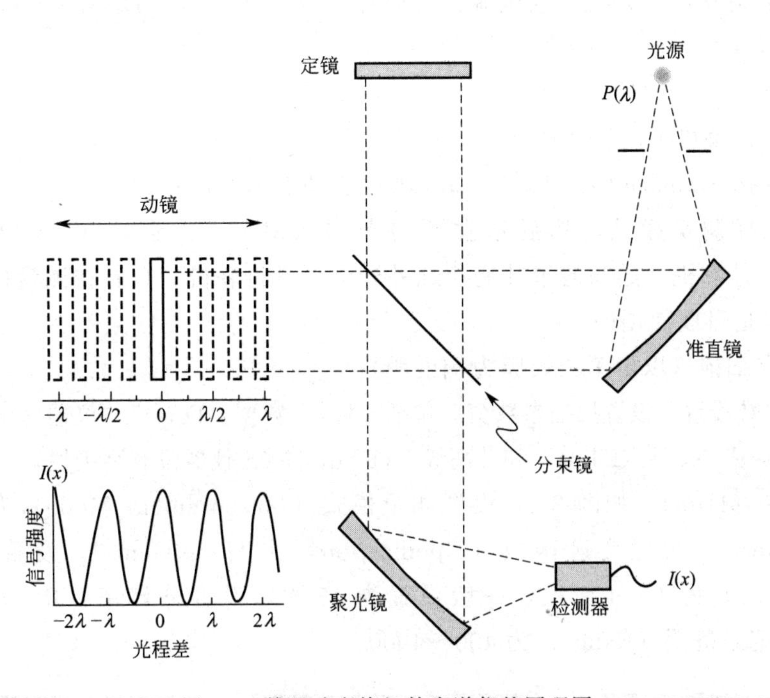


图 2-3　傅里叶变换红外光谱仪的原理图

光源发出的光被分束器分为两束，一束经透射到达动镜，另一束经反射到达定镜。两束光分别经定镜和动镜反射再回到分束器。动镜以一恒定速度 $v_m$ 作直线运动，因而经分束器分束后的两束光形成光程差 $\delta$，产生干涉。干涉光在分束器汇合后通过样品池，然后被检测。

红外光谱仪的性能主要有波长准确性、波长重现性、仪器分辨率和检测灵敏度等。仪器的性能直接影响测试结果。

按《中国药典》规定，用聚苯乙烯膜（厚度约为 0.04mm）校正仪器，用 $3027cm^{-1}$、$2851cm^{-1}$、$1601cm^{-1}$、$1028cm^{-1}$、$907cm^{-1}$ 处的吸收峰对仪器的波数进行校正。傅里叶变换红外光谱仪在 $3000cm^{-1}$ 附近的波数误差应不大于 $\pm 5cm^{-1}$，在 $1000cm^{-1}$ 附近的波数误差应不大于 $\pm 1cm^{-1}$。

用聚苯乙烯膜校正时，在 $3110 \sim 2850cm^{-1}$ 范围内，能清晰分辨出 7 个 C—H 键伸缩振动的吸收峰（5 个不饱和 C—H 键、2 个饱和 C—H 键），即 $3104cm^{-1}$、$3083cm^{-1}$、$3061cm^{-1}$、$3027cm^{-1}$、$3001cm^{-1}$、$2924cm^{-1}$、$2851cm^{-1}$。峰 $2851cm^{-1}$ 与谷 $2870cm^{-1}$ 分辨深度不小于 18%透光率；峰 $1583cm^{-1}$ 与谷 $1589cm^{-1}$ 分辨深度不小于 12%透光率。仪器的标称分辨率，除另有规定外，应不低于 $2cm^{-1}$。

### 三、常见红外光谱仪及使用方法

目前生产和使用的红外光谱仪主要有色散型和干涉型两大类。其中以傅里叶变换红外吸收光谱仪应用最为广泛。下面以岛津公司 IR Prestige-21 型红外光谱仪为例，说明其简易操作规程。

1. 开启傅里叶红外光谱仪电源，开启计算机，进入 WINDOWS 操作系统。

2. 启动 IR-Solution 软件

（1）点击 Start 按钮。

（2）选择菜单中的程序选项。

（3）选择 Shimazu 中的 IRsolution 项，启动 IRsolution 软件。

（4）选择测量模式，然后选择测量菜单（Measurement）中的初始化菜单(Initilize)。计算机开始和傅里叶变换红外光谱仪进行联机。只有在测量模式下，初始化菜单才是可以使用的。

3. 图谱扫描（以聚苯乙烯膜为例说明）

（1）参数设置　设置扫描参数窗口包括 5 栏，“数据（Data）”“仪器（Instrument）”“更多（More）”“文件（Files）”和“高级”（FTIR-8400S 仪器没有高级栏）。

数据栏（Data），如图 2-4，设置测量模式（Measurement Mode）为透射（% Transmittance），设置变迹函数（Apodization）为 Happ-Genzel，设置扫描次数（No. of Scans）为 1～400 次，一般设置为 15 次，设置分辨率（Resolution）为 4.0，设置记录范围（Range）为 400～4000。

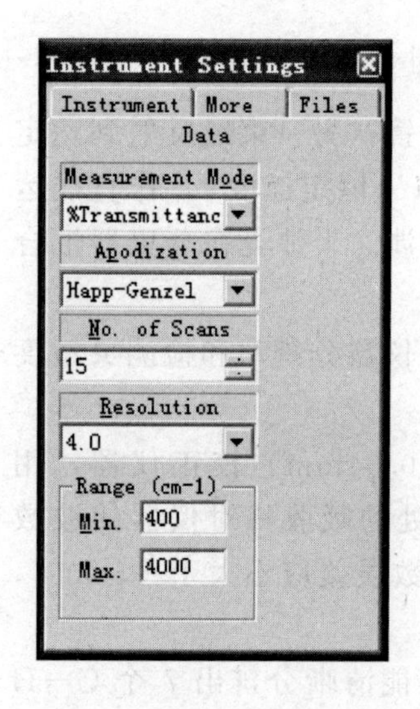


图 2-4　数据栏

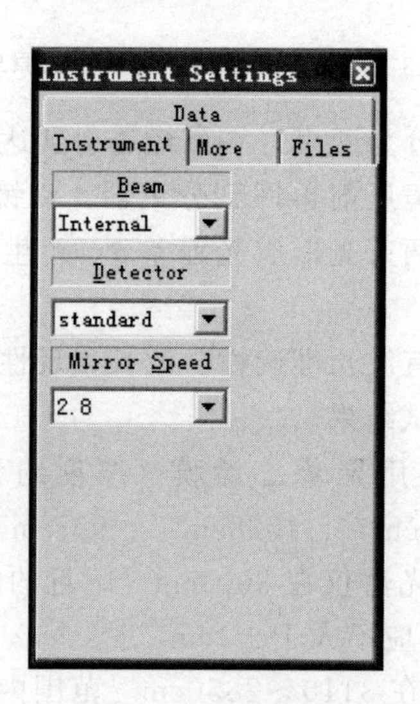


图 2-5　仪器栏

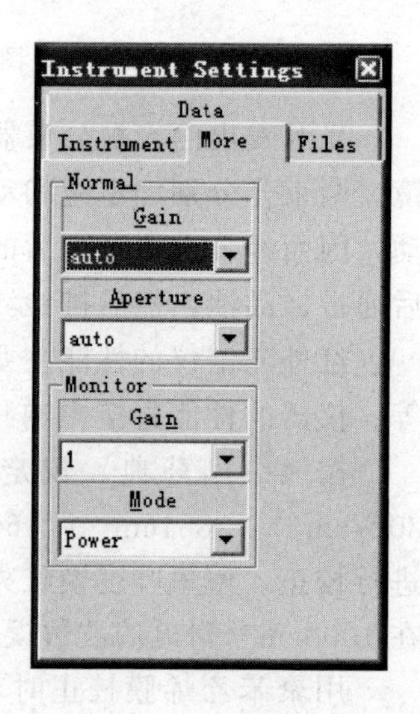


图 2-6　更多栏

仪器栏（Instrument），如图 2-5，设置各参数。

更多栏（More），如图 2-6，设置各参数。

（2）扫描　在“Measure”窗口中，在“Date file”框中，选择合适的路径，写入待测图谱的文件名；在“ Comment”框中输入供试品名，如图 2-7。

① 背景扫描　点击 BKG 按钮进行背景扫描，扫描时样品架不能放有样品，

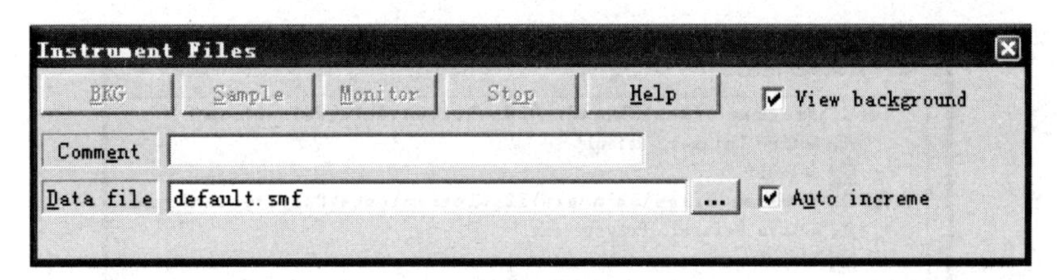


图 2-7　测量文件区域

有时需要放置空白样品进行背景扫描，如果做压片，则需要用纯溴化钾压片做背景。

② 样品扫描　把样品放入样品室，点击 Sample 进行样品测试，测试完成后可以获得样品的图谱，如图 2-8。点击 Stop 按钮可以停止扫描。

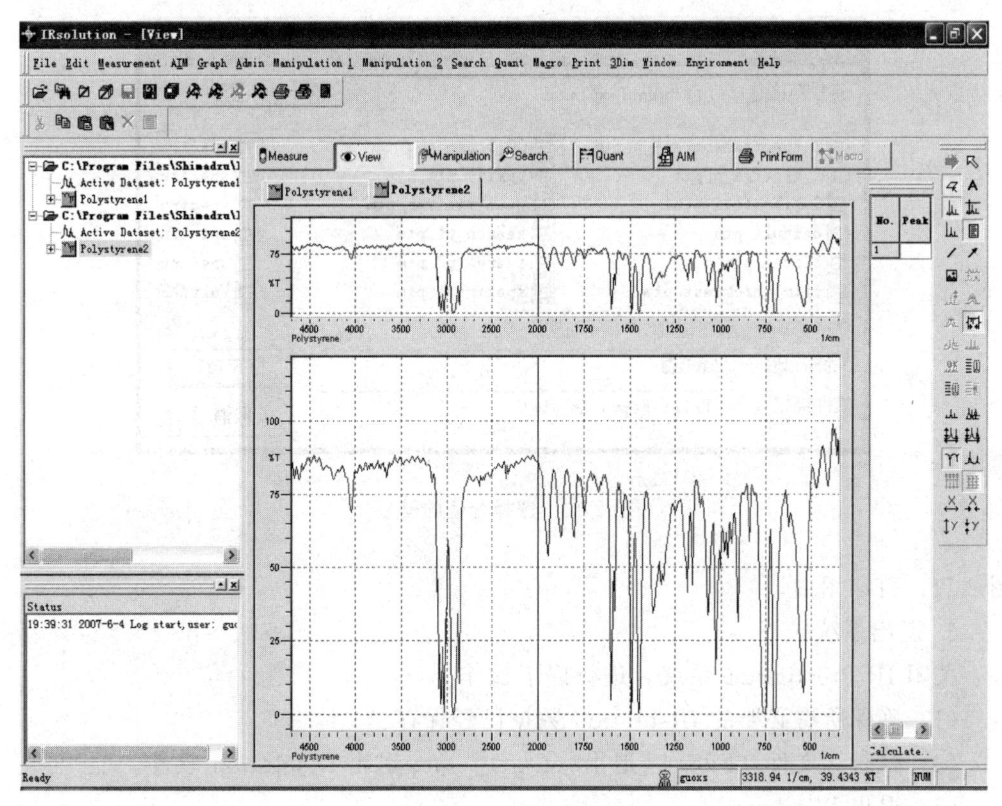


图 2-8　样品的图谱

4. 图谱保存

扫描完成后，图谱会自动保存到默认的文件夹，如图 2-9。

5. 图谱打印

激活要打印的图谱：在查看（View）界面，点击要打印的图谱。在 File 的下拉菜单中选择 Print Previw 命令。选择一个合适的模板，如图 2-10。预览图谱，如

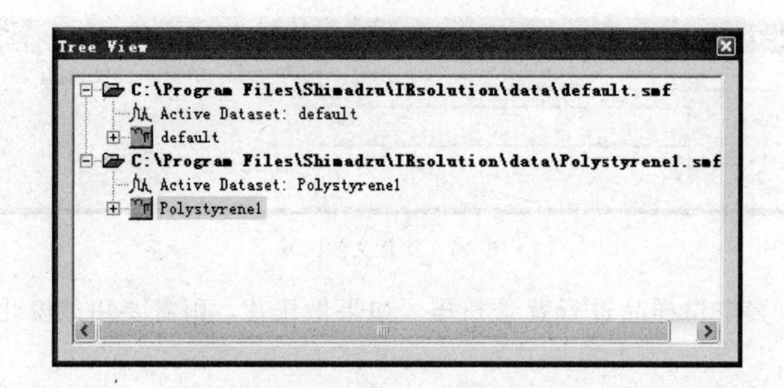


图 2-9　图谱文件保存路径

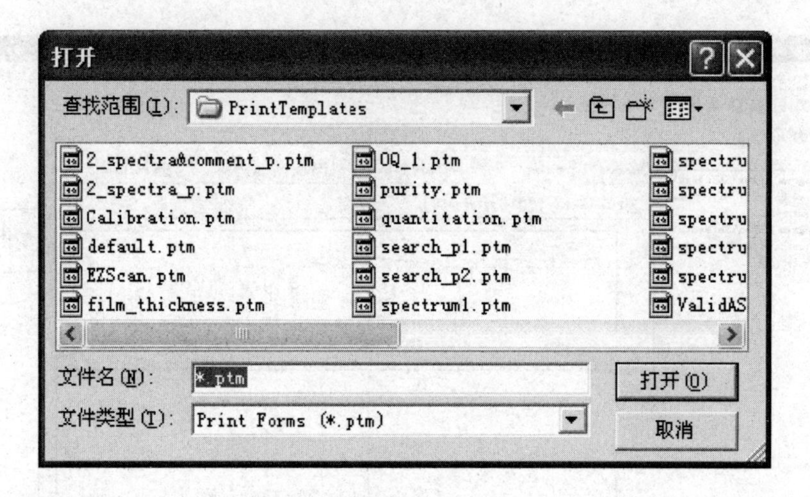


图 2-10　选择合适的模板

图 2-11，打印图谱。

6. 退出系统

关闭 IR Prestige-21 系统，进行以下操作。

(1) 确保所有必要的 IRsolution 数据已经保存。

(2) 执行［文件（File)］-［退出（Exit)］命令退出 IRsolution 软件。

(3) 退出 Windows。

(4) 检查计算机前面控制面板的存取指示，确保没有运行磁盘，然后关闭计算机。

(5) 关闭 IR Prestige-21 主机右前方的开关，绿灯灭。

(6) 保持电源和 IR Prestige-21 系统相接，以便系统内部干燥，橘黄色灯亮。

关闭 FTIR-8400S 系统，进行以下操作。

(1) 确保所有必要的 IRsolution 数据已经保存。

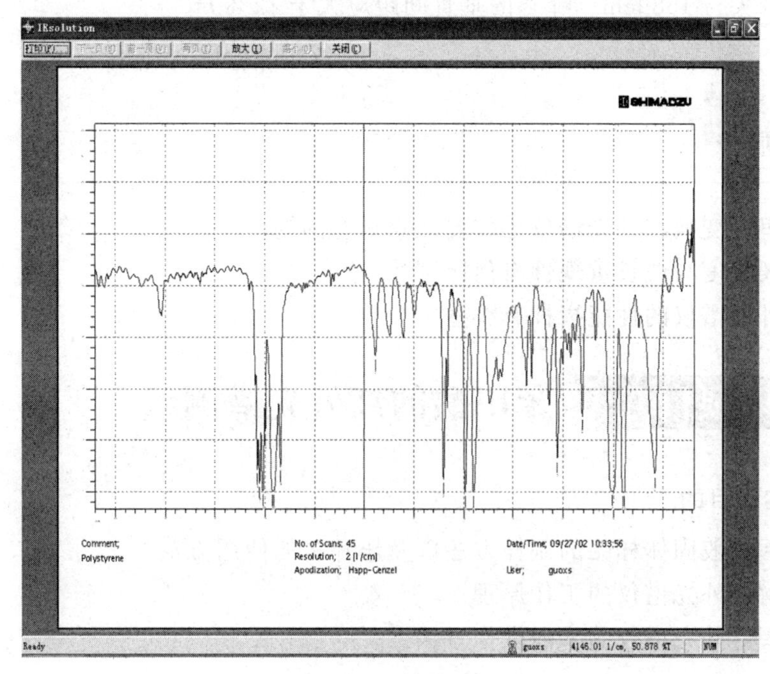


图 2-11　预览图谱

（2）执行［文件（File）］-［退出（Exit）］命令退出 IRsolution 软件。

（3）退出 Windows。

（4）检查计算机前面控制面板的存取指示，确保没有运行磁盘，然后关闭计算机。

（5）关闭干涉仪。

## 四、仪器与试剂

岛津 IR Prestige-21 型红外光谱仪，聚苯乙烯膜片。

## 五、实训内容

### 1. 波长精度

用聚苯乙烯膜扫描，检查 $3027.1cm^{-1}$、$2850.7cm^{-1}$、$1944.0cm^{-1}$、$1801.6cm^{-1}$、$1601.4cm^{-1}$、$1154.3cm^{-1}$、$1028.0cm^{-1}$、$906.7cm^{-1}$ 及 $541cm^{-1}$ 各峰与实测峰位比较，其误差在 $4000 \sim 2000cm^{-1}$ 为 $\pm 5cm^{-1}$，$2000 \sim 1100cm^{-1}$ 为 $\pm 2cm^{-1}$，$1100 \sim 900cm^{-1}$ 为 $\pm 1cm^{-1}$，$900 \sim 400cm^{-1}$ 为 $\pm 2cm^{-1}$。

### 2. 波长重现性

对同一张聚苯乙烯膜进行反复重叠扫描 3 次，其误差在 $4000 \sim 2000cm^{-1}$ 区间不得大于 $3cm^{-1}$，在 $2000 \sim 500cm^{-1}$ 区间不得大于 $1.5cm^{-1}$。

### 3. 分辨率

用聚苯乙烯膜片绘制其红外光谱。在 $3110 \sim 2850cm^{-1}$ 范围内，应能清晰分辨出 7 个吸收峰。$2851cm^{-1}$ 峰尖与 $2870cm^{-1}$ 峰谷的垂直间距应大于 $18\% T$；

1583cm$^{-1}$峰尖与1589cm$^{-1}$峰谷的垂直间距应大于12%$T$。

## 思考题

1. 傅里叶变换红外光谱仪操作要注意哪些问题？
2. 波长精度与波长重现性有何区别？
3. 红外光谱仪的性能指标有哪些？

# 实训项目二 苯甲酸的红外光谱测绘

### 一、实训目的

1. 掌握一般固体样品的制样方法以及压片机的使用方法。
2. 了解红外光谱仪的工作原理。
3. 掌握红外光谱仪的一般操作方法。

### 二、实训原理

苯甲酸为固体粉末样品，其制样常采用压片法，具体方法如下：将苯甲酸均匀地分散在固体介质（KBr）中成为固体溶液，用压片机压成均匀透明的薄片，放入红外光谱仪的光路中测定其红外吸收光谱。为了得到较为理想的光谱图，苯甲酸和溴化钾在使用时都要研细混匀，颗粒直径小于2$\mu$m（因为中红外区的波长从2.5$\mu$m开始）。

### 三、仪器与试剂

1. 仪器

岛津IR Prestige-21型红外光谱仪，压片机，压片模具及附件，玛瑙研钵，不锈钢镊子（两把），不锈钢药匙，红外灯。

2. 试剂

苯甲酸（A. R.），KBr（光谱纯），丙酮（A. R.）。

3. 其他

脱脂棉，擦镜纸。

### 四、操作步骤

1. 试样的制备

取2～3mg苯甲酸与200mg干燥的KBr粉末，放入玛瑙研钵中，充分研磨，研细混匀，用不锈钢药匙取约70～80mg，加入压片模的片剂框架内，用镊子摊匀摊平，组装好压片模，放到压片机的加压台上，均匀缓慢加压，约5min后，压片完成，样品成均匀透明的薄片并固定在片剂框架上，将片剂框架固定到样品夹板上，放于红外灯下烘烤 5min，除去在制样过程中可能吸收的水分，然后放在干燥器中冷却至室温备用。

2. 仪器操作

岛津 IR Prestige-21 型傅里叶变换红外分光光度计操作规程：

(1) 开电源　按顺序开启 IR Prestiger-21 电源、打印机及电脑电源，双击桌面 IR-Solution 图标或在开始菜单中选定应用程序。

(2) 进入程序　进入“测定 Measure—测定 Measurement—初始化 Initialize”，进入初始化程序。

点击“yes”移除原有背景数据，初始化仪器至 4 个绿灯亮起并在“Status”窗口中显示 INIT success，然后进行参数设定。

(3) 参数设定

① 数据栏 (Data)：设置 Measurement Mode 为“%Transmittance”，设置 Apodization 为“Happ-Genzel”，设置 No. of Scans 为“1～400”次，一般设置“15”次，设置 Resolution 为“4. 0”，设置 Range 为“400～4000”。

② 仪器栏 (Instrument)：设置 Beam 为“Internal”，Detector 为“Standard”，Mirror Speed 为“2. 8”。

③ 更多栏 (More)：Normal 设置 Gain 为“Auto”，Aperture 为“Auto”；Monitor 设置 Gain 为“1”，Mode 为“%Transmittance”。

(4) 光谱测定

① 在“Measure”窗口中，在“Data file”框中，选择合适的路径，写入待测图谱的文件名；在“ Comment”框中输入供试品名。

② 采集背景的红外光谱：打开样品室盖，将空白对照放入样品室的样品架上，盖上样品盖；点击此窗口“Background”键，弹出对话框，点击“确定”，进行背景扫描。

③ 采集供试品的红外光谱：打开样品室盖，取出点击空白对照，将经适当方法制备的供试品放入样品室的样品架上，盖上样品盖；点击“Measure”窗口，点击“Sample”键，进行供试品扫描。

④ 打印图谱：点击“File”菜单栏，选择“Print Preview”键，弹出对话框，点击“确定”弹出对话框，根据不同需要确定不同打印格式，点击“打开 (O) ”，点击“打印”，打印红外光谱图。

⑤ 测定下一供试品的红外光谱，重复①～④操作。

(5) 关机　测定工作完毕后，按照 Windows 操作系统的要求，逐级退出窗口，关闭电脑、IR Prestiger-21 电源。

## 五、数据处理

1. 图谱对比

在 Sadtler 标准图谱库中查得苯甲酸的标准红外谱图，并将实验结果与标准图谱进行对照。

2. 图谱解析

解释苯甲酸的红外光谱图：

（1）找出羧基中 O—H 伸缩振动吸收峰。

（2）找出羧基中 C ═O 和苯环中 C ═C 的伸缩振动吸收峰。

（3）找出苯环中 C—H 伸缩振动吸收峰。

（4）找出苯环中 C—H 弯曲振动吸收峰。

## 思考题

1. 用压片法制样时有哪些注意事项？

2. 特征吸收峰的位置、数目、形状和强度与哪些因素有关？

3. 如何用红外光谱鉴定化合物中存在的基团及其在分子中的相对位置？

# 实训项目三 红外分光光度法测定药物的化学结构

### 一、实训目的

1. 了解红外光谱仪的结构和工作原理。

2. 掌握红外光谱仪的使用和用 KBr 压片法制作固体试样晶片的方法。

3. 了解阿司匹林、苯甲酸乙酯、布洛芬的红外光谱特征，通过实验学会药物的红外光谱鉴定方法。

### 二、实训原理

红外光谱是研究分子振动和转动跃迁的一种分子吸收光谱，既可以用于定性分析，也可以用于对单一组分或混合物中各组分进行定量分析。红外光谱定性分析一般分官能团定性和结构分析两个方面。分析时通常用各种特征吸收图表，找出官能团和骨架结构引起的特征吸收，再与推断所得的化合物的标准图谱进行对照，得出结论。

红外光谱一般分为两个区域，官能团区和指纹区。官能团区的波数频率为 $4000\sim1400cm^{-1}$，其吸收主要由分子的伸缩振动引起，一般官能团在这个区域都有特定的吸收；指纹区为低于 $1400cm^{-1}$ 的区域，其吸收是由化学键的弯曲振动和部分单键的伸缩振动引起的。不同的化合物有不同的指纹区吸收带，很多结构类似的化合物就可以根据它们在指纹区的差异进行鉴定。如未知物和标准品的红外光谱图指纹区相同，就可以断定它们系同一物。

一般分析红外光谱的顺序是先官能团区，再指纹区，先强峰后弱峰，先高频区后低频区。对许多官能团来说，往往不是存在一个而是一组彼此相关的峰，要解析出主峰的归属及在指纹区找出相关峰，才能证实它的存在。目前已知化合物的红外光谱已陆续编成册，给鉴定未知物带来了极大的方便。如果未知物和一种已知物有完全相同的红外光谱，则未知物的化学结构就确定了。

本实验通过测定阿司匹林、苯甲酸乙酯、布洛芬及未知物的红外吸收光谱，再根据它们的红外光谱特征鉴定未知物是其中的哪一种。

阿司匹林、苯甲酸乙酯、布洛芬的标准红外光谱图如图 2-12 所示。

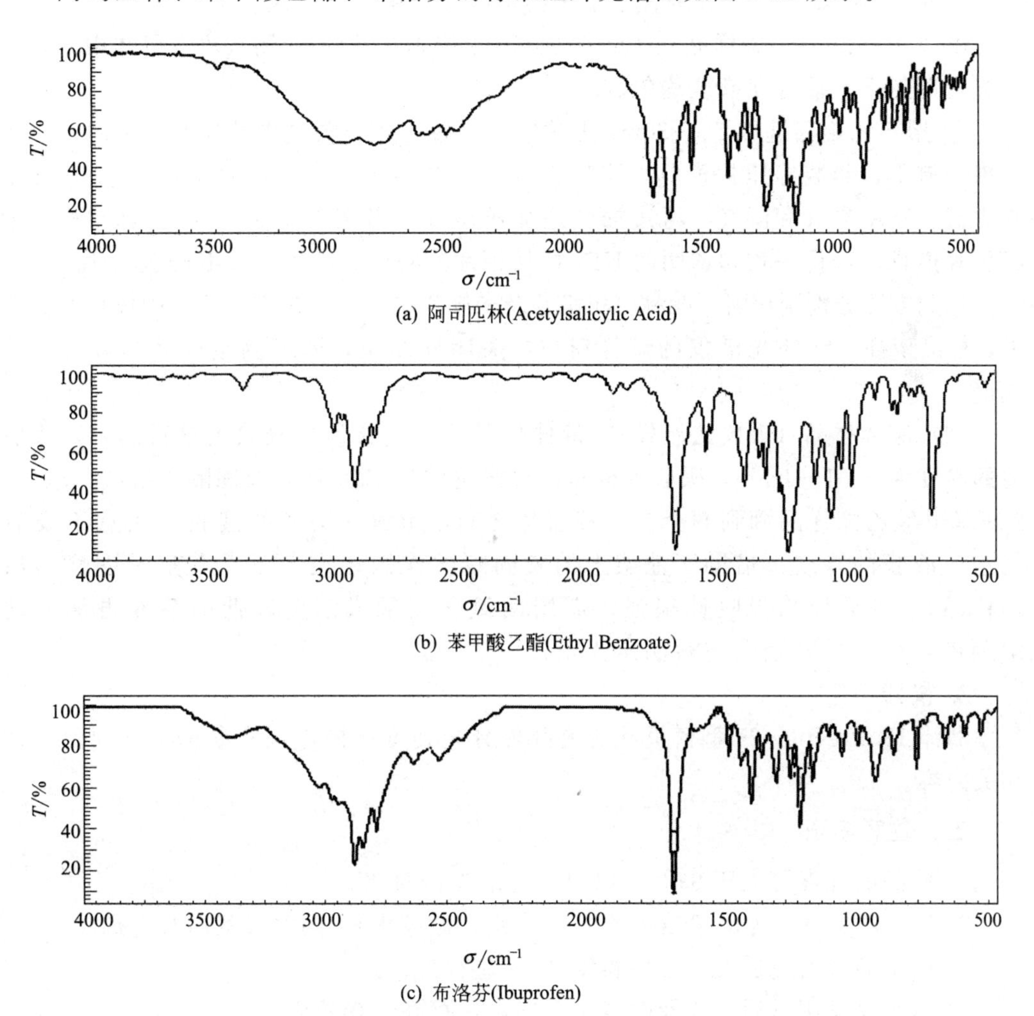


(a) 阿司匹林(Acetylsalicylic Acid)

(b) 苯甲酸乙酯(Ethyl Benzoate)

(c) 布洛芬(Ibuprofen)

图 2-12　阿司匹林、苯甲酸乙酯、布洛芬的标准红外光谱图

## 三、仪器与试剂

1. 仪器

岛津 IR Prestige-21 型红外光谱仪，压片装置（锭剂成型器、真空泵、油压机），干燥剂，玛瑙研磨体，不锈钢刮刀，样品架，0.1mm 固体液体槽。

2. 试剂

KBr 粉末（A. R.），阿司匹林（原料药），苯甲酸乙酯（A. R.），布洛芬（原料药），未知物（阿司匹林、苯甲酸或布洛芬）。

## 四、操作步骤

1. 样品的制备

（1）固体样品（KBr 压片法制备锭片）

① 在玛瑙研钵中，分别将 KBr 和样品研磨成小于 2μm 的细粉，然后置于烘箱中烘干 4～5h。烘干后，分别置于干燥器中冷却至室温，备用。

② 取 1～2mg 干燥样品和 100～200mg 干燥 KBr 粉末，倒入玛瑙研钵中，在红外光灯照射下，混合研磨至均匀。

③ 用不锈钢药匙取 70～80mg 上述粉末，置于压片模具中的片剂框架内，用镊子摊匀摊平，组装好压片模具，连接真空机，置于压片机加压台上，先抽气 5min 除去混合物中空气和湿气，再边抽气边加压至 8t，并维持 5min。除去真空机，取下压片模具，即得一均匀透明的 KBr 样品压片。同样方法压一片 KBr 空白片。

用此方法分别制得阿司匹林、布洛芬及未知物的锭片。把锭片置于固体样品架子上，样品架插入红外光谱仪的试样窗口，关闭样品室，即可测定样品的红外吸收光谱。

（2）液体样品（液膜法制样）　液体样品可以直接注入吸收池进行测定，吸收池的厚度为 0.01～1mm，吸收池由对红外光透明的 KBr 窗片及间隔片组成。取1～2 滴苯甲酸乙酯样品滴到两个溴化钾窗片之间，形成一层薄的液膜，注意不要有气泡，液膜的厚度可借助于池架上的紧固螺丝作微小调节（尤其是黏稠性的液体样品）。如果样品吸收性很强，需用四氯化碳配成浓度较低的溶液再滴入池中测定，用夹具轻轻夹住后测定光谱图。

2. 仪器操作

岛津 IR Prestige-21 型傅里叶变换红外分光光度计操作规程参见实训项目二的相关内容。

## 五、注意事项

1. 样品的纯度需大于 98%，以便与标准光谱对照。

2. 样品不能含有水，若含有水（结晶水、游离水），则对羟基峰有干扰。

3. 供试品研磨应适度，常以粒度 2μm 左右为宜。

4. 压片模具用过后，应及时擦拭干净，保存在干燥器中。

5. 样品层的厚度、试样的浓度要适当，样品层太薄、浓度太小，会使一些弱的吸收峰和光谱的细微部分不能显示出来；样品层过厚，又会使强的吸收峰过大，标尺无法显示，致使没办法确定它的真实位置。

## 六、数据处理

1. 比较阿司匹林、苯甲酸乙酯、布洛芬三张红外光谱图并分别与其标准图谱进行对照；解析图谱，指出主要吸收峰的波数，并确定其归属。

2. 将未知物的红外光谱图与阿司匹林、苯甲酸乙酯、布洛芬的红外光谱图进行比较，确定未知物的化学结构。

1. 简述红外光谱分析中常用的定性鉴别方法。
2. 为什么用 KBr 压片法制备锭片时要边排气边加压？对试样的制片有何要求？
3. 有哪些因素影响红外光谱的形状？

## 实训项目四　醛和酮的红外光谱

### 一、实训目的

1. 了解红外光谱的基本原理。
2. 熟悉有机化合物特征官能团的红外吸收频率。
3. 掌握液体样品的制样方法及液体池的使用方法。
4. 掌握红外光谱仪的一般操作方法。

### 二、实训原理

在有机化合物分子中，具有相同化学键的原子团，其基本振动频率吸收峰（基频峰）基本出现在同一频率区域内，但由于同一类型的原子团在不同有机化合物分子中所处的环境有所不同，使其基频峰频率和强度发生一定变化。因此，了解各种原子团基频峰的频率及其位移规律，就可应用红外吸收光谱来确定有机化合物分子中存在的原子团及其在分子结构中的相对位置，结合标准红外光谱图还可以鉴定有机化合物的结构。IR 光谱主要是定性技术，但是随着比例记录电子装置的出现，也能迅速而准确地进行定量分析。

C═O 伸缩振动位于 1900～1500$cm^{-1}$的高频区，均为强（s）吸收峰带。

醛基在 2850～2720$cm^{-1}$范围有中强（m）和弱（w）吸收，表现为双谱带，是醛基的特征吸收谱带，$\nu_{C=O}$约 1725$cm^{-1}$（vs）。酮类化合物 $\nu_{C=O}$吸收是其唯一特征吸收带，约 1715$cm^{-1}$（vs）。丙酮中 $CH_3$ 为推电子的诱导效应，使 C═O 成键电子偏离键的几何中心而向氧原子移动；C═O 极性增强，双键性降低，C═O 伸缩振动较乙醛低频位移。

### 三、仪器与试剂

1. 仪器

岛津 IR Prestige-21 型红外光谱仪，溴化钾窗片，注射器（3 支），样品架，液体池。

2. 试剂

四氯化碳（A. R.），脱脂棉，苯甲醛（或丁醛）（A. R.），苯乙酮（或丁酮）

（A. R.）。

3. 其他

脱脂棉，擦镜纸。

**四、操作步骤**

1. 试样的制备（液膜法制样）

本实验用液膜法：取 1～2 滴苯甲醛或苯乙酮样品滴到两个溴化钾窗片之间，形成一层薄的液膜，注意不要有气泡，用夹具轻轻夹住后测定光谱图。如果样品吸收很强，需用四氯化碳配成浓度较低的溶液再滴入池中测定。

注：液体样品常用以下方法制样。

（1）液体池法　沸点较低、挥发性较大的试样，可注入封闭液体池中进行测定，液层厚度一般为 0.01～1mm。液体池包括固定池、可拆池和其他特殊池等。它主要由框架、垫片、间隔片及红外透过窗片组成。可拆池的结构见图 2-13。

（2）液膜法　沸点较高的试样，直接滴在两盐片之间，形成液膜，即可测定。

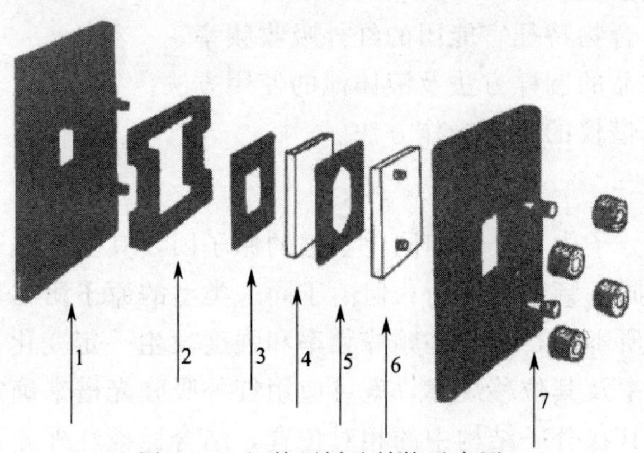


图 2-13　红外可拆池结构示意图

1—后框架；2—窗片框架；3—垫片；4—后窗片；
5—聚四氟乙烯隔片；6—前窗片；7—前框架

2. 仪器操作

岛津 IR Prestige-21 型傅里叶变换红外分光光度计操作规程参见实训项目二的相关内容。

**五、数据处理**

1. 图谱对比

在 Sadtler 标准图谱库中查得苯甲醛和苯乙酮的标准红外谱图，并将实验结果与标准图谱进行对照。

2. 图谱解析

（1）解释苯甲醛的红外光谱图　找出醛基中 C—H 伸缩振动吸收峰及 C═O 伸缩振动吸收峰。

（2）解释苯乙酮的红外光谱图　找出 C═O 伸缩振动吸收峰。

1. 使用液体池法测定红外光谱图有哪些优点？

2. 红外光谱法定性分析的依据是什么？

## 附：压片机使用说明

**一、准备**（参考图 2-14、图 2-15）

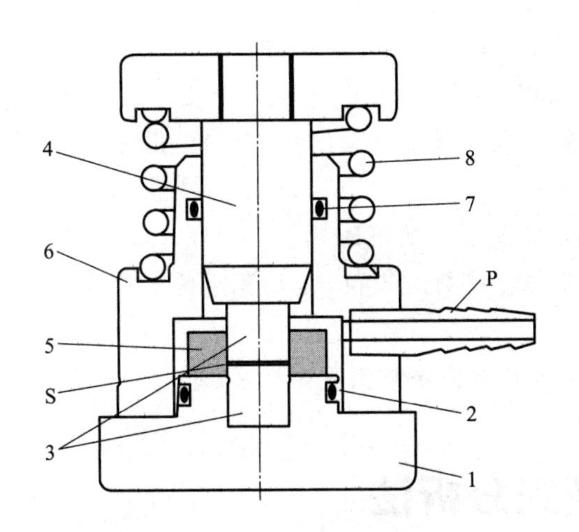


图 2-14　KBr 压片模具组装示意图

1—底座；2，7—O 形垫圈；3—样品底座；
4—模压杆；5，6—压片框架；8—弹簧；
P—气体出口；S—KBr 样品片

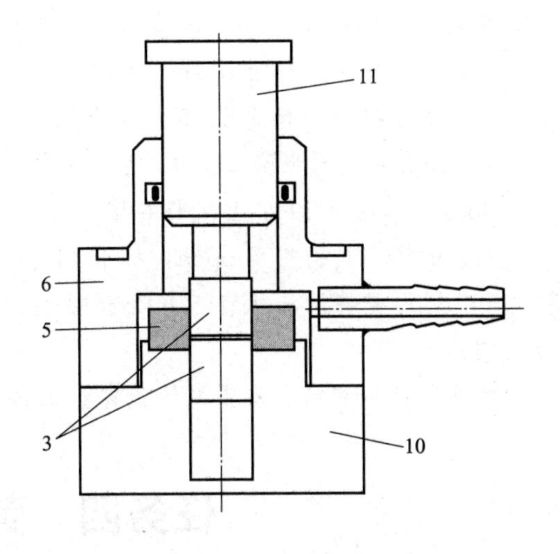


图 2-15　KBr 压片冲压设备组装示意图

3—样品底座；5，6—压片框架；
10—模压底座；11—模压冲杆

1. 保持使用压片机的房间湿度较低。

2. 将压片机配件 3、5 表面的油脂用四氯化碳或苯清除（否则得到的样品片有黄色），放入干燥器备用。

3. 用玛瑙研钵一次研磨适量 KBr 晶体并过筛，放入烘箱中 120～150℃ 干燥 3h，放入干燥器以备后用。

4. 为避免手汗对压片的影响，准备一双白手套，研磨和压片过程中戴手套。

**二、压片操作**

1. 取 400mg 备用 KBr 粉末于玛瑙研钵中，加入 0.5%～1%样品，在红外灯下研细混匀，放入烘箱中 120～150℃ 干燥 1h。

注意：干燥温度依样品性质而定。

2. 使用丙酮（或乙醇、石油醚等溶剂）清洗 3。

3. 配件 3 光面向上插入 1 的圆形凹槽，3 光面高出 1 的圆形凹槽约 2mm，将 5 套在 3 高出凹槽的部分。

注意：1、3、5 大小配合，没有间隙，稍有倾斜则装不进去，若装配不顺利拿出再装，不要硬挤，正常装配时，1、3、5之间可以自如旋转。

4. 取样品和KBr混合粉末约200mg，放到3和5形成的凹槽中，用抹刀铺平。

5. 将另一3光面向下插入5的圆孔中，旋转3使粉末均匀平铺（否则所得压片有白斑）。注意：正常装配时，3、5之间可以自如旋转。

6. 将6准确放在1上，旋转6以确认安装正确。

7. 将弹簧8放在6上，4插入6中，装配好的压片模具移至压片机下。

8. P与真空泵相连，压片前抽真空5min（真空泵为选配件）。

9. 压片机阀门拧至lock，加压至80kN，停留5～10min，停留时间越长压片越透明，但超过10min则没有明显变化。

10. 压片机阀门拧至open，压片模具移下压片机，拆下4、6、8。

11. 将连接在一起的3、5从1上取下，放在10上。

12. 安装6（同步骤6），11插入6中，置于压片机下（无须抽真空），压片机阀门拧至lock，加压至11的上缘与6接近。

13. 压片机阀门拧至open，拆下11和6，得到样品的KBr片。

14. 用丙酮棉清洗所有与KBr接触过的配件，特别是3和5，以免生锈，放入干燥器备用。

警告：P拆卸前，真空泵不能停止工作，否则泵油会被倒吸至模具。

# 任务四　荧光分析法

## 实训项目一　荧光法测定维生素$B_2$

### 一、实训目的

1. 了解荧光光度计的主要构造和使用方法。

2. 了解荧光分析法的基本原理。

3. 掌握用荧光法测定维生素$B_2$的原理以及荧光激发和发射最佳波长的选择。

### 二、实训原理

维生素$B_2$（又称核黄素，其结构式见图2-16），是有机体中许多重要辅酶的组成部分，在生物氧化中起着重要作用。其为橘黄色、无臭的针状晶体，易溶于水而不溶于乙醚等有机溶剂，在中性或酸性溶液中稳定，光照易分解，对热稳定。维生素$B_2$水溶液在430～440nm蓝光照射下会发生绿色荧光，荧光峰在535nm，在pH＝6～7溶液中荧光强度最大，在pH＝11的碱溶液中荧光消失。维生素$B_2$在碱性溶液中经光线照射会发生分解而转化为光黄素，光黄素的荧光比核黄素的荧光强得多，所以荧光光谱法测定维生素$B_2$的含量时，溶液应控制在酸性范围内，且在避光条件下进行。

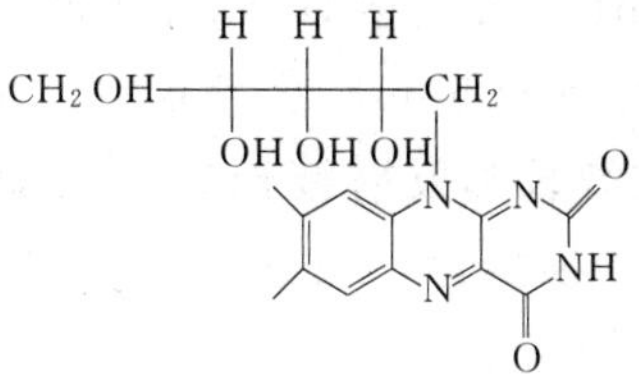

图 2-16 维生素 $B_2$ 的结构式

## 三、仪器与试剂

1. 仪器

荧光分光光度计（或荧光计），50mL 容量瓶 7 个，1000mL 容量瓶 1 个，5mL 吸量管，洗耳球。

2. 试剂

醋酸溶液（1%），核黄素（生化试剂）。

## 四、操作步骤

1. 维生素 $B_2$ 标准溶液（$10.0\mu g \cdot mL^{-1}$）的配制

准确称取 10.0mg 维生素 $B_2$，先溶解于少量 1%醋酸中，再转移至 1000mL 容量瓶中，用 1%醋酸稀释至刻度，摇匀。该溶液应保存在棕色瓶中，置于阴凉处。

2. 实验条件的选择

激发光和荧光波长的选择：准确移取 $10.0\mu g \cdot mL^{-1}$ 维生素 $B_2$ 标准溶液 5.0mL，于 50mL 容量瓶中定容。转移部分溶液至石英比色皿中，将荧光分光光度计的荧光波长暂定在 525nm 处，在 200～500 nm 波长范围内对激发波长进行扫描，记录激发光谱曲线，约在 265nm、372nm、442nm 有三个峰。然后将激发波长设定在 442nm 处，在 400～700nm 波长范围内对荧光波长扫描，记录荧光光谱曲线，约在 535nm 处荧光强度最大。从激发光和荧光光谱上确定最佳的激发和荧光波长，如图 2-17 所示。

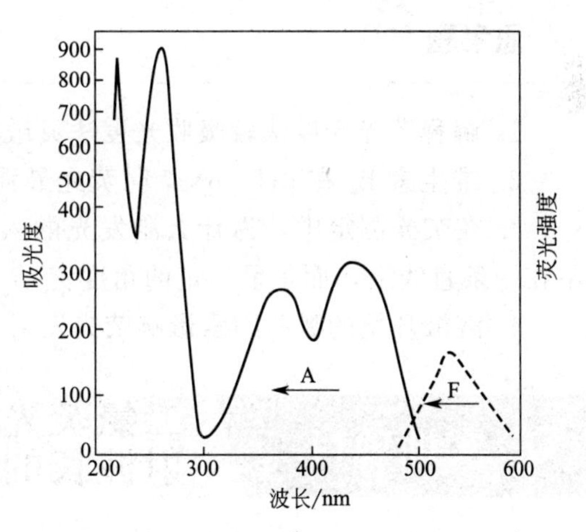


图 2-17 维生素 $B_2$ 的激发光谱及荧光光谱

A—激发光谱；F—荧光光谱

如使用荧光计，此步骤为选择适合的激发和荧光滤光片。激发滤光片的最大透光率波长应与激发光谱的最大峰值波长相近，通常激发光谱就是荧光物质的吸收光谱，即可通过其吸收光谱选择合适的激发波长。荧光滤光片的选择应根据荧光物质的荧光光谱、激发光波长、溶剂的拉曼光波长来决定。总之，滤光片选择的基本原则是使测量获得最强荧光，且受背景影响最小。

3. 标准曲线的制作

用移液管吸取10.0μg·mL$^{-1}$维生素$B_2$标准溶液1.00mL、2.00mL、3.00mL、4.00mL和5.00mL，分别置于5只50mL容量瓶中，用水稀释至刻度，摇匀。设置适当的仪器参数，在最佳激发波长和发射波长处，从稀到浓测量系列标准溶液的荧光强度。以维生素$B_2$含量$c$为横坐标，荧光强度$F$为纵坐标，绘制标准曲线。

4. 试样中维生素$B_2$含量的测定

准确吸取待测液5.0mL置于50mL容量瓶中，用水稀释至刻度，摇匀。以测定标准系列时相同的条件，测量其荧光强度。

## 五、注意事项

1. 比色皿使用之前应清洗干净。若比色皿很脏，清洗方法为：先将比色皿置于铬酸洗液中浸泡半小时左右，再用蒸馏水洗净，晾干留用。

2. 比色皿用完之后，应先用无水乙醇清洗，再用蒸馏水洗净，晾干后收于比色皿盒中。

3. 定期清理仪器的比色部分，以保持仪器内部的整洁和洁净。

## 六、数据处理

根据标准曲线查得浓度（μg·mL$^{-1}$）：$c_x$

试样中维生素$B_2$的含量（μg·mL$^{-1}$）：$c_{样品}=c_x\times\frac{50.0}{5.0}$

## 思考题

1. 解释荧光光度法较吸收光度法灵敏度高的原因。

2. 维生素$B_2$在pH=6～7时荧光最强，本实验为何在酸性溶液中测定？

3. 在荧光测定中，为什么激发光的入射与荧光的接收（即检测器位置）通常不在一条直线上，而是呈一定的角度？

4. 溶液环境的哪些因素影响荧光发射？

# 实训项目二 二氯荧光素最大激发波长和最大发射波长的测定

## 一、实训目的

1. 掌握二氯荧光素最大激发波长和最大发射波长的测量方法。

2. 学会辨别荧光物质的分子荧光峰和拉曼散射峰。

3. 熟悉IS55荧光/磷光/分子发光光度计的定性扫描方法及定性测量软件数据处理操作。

## 二、实训原理

任何荧光物质都具有激发光谱和发射光谱。由于斯托克斯位移，荧光发射波长总是大于激发波长。并且，由于处于基态和激发态的振动能级几乎具有相同的间隔，分子和轨道的对称性都没有改变，荧光化合物的荧光发射光谱和激发光谱形式呈大同小异的“镜像对称”关系。

荧光激发光谱是通过测量荧光体的发光通量随波长变化而获得的光谱。它是荧光强度对激发波长的关系曲线，它可以反映不同波长激发光引起荧光的相对效率；荧光发射光谱是当荧光物质在固定的激发光源照射后所产生的分子荧光，它是荧光强度对发射波长的关系曲线，它表示在所发射的荧光中各种波长组分的相对强度。由于各种不同的荧光物质有它们各自特定的荧光发射波长值，所以，可用它来鉴别各种荧光物质。

可以依据绘制其激发光谱曲线时所采用的最大激发波长值来确定某荧光物质的分子荧光波长值和绘制荧光光谱曲线。同一荧光物质的分子荧光发射光谱曲线的波长范围不因它的激发波长值的改变而位移。由于这一荧光特性，如果固定荧光最大发射波长（$\lambda_{em}$），然后改变激发波长（$\lambda_{ex}$），并以纵坐标为荧光强度、横坐标为激发波长绘图，即获得激发光谱曲线，从中能确定最大激发波长（$\lambda_{ex}$）。反之，固定最大激发光波波长值，测定不同发射波长时的荧光强度，即得荧光发射光谱曲线和最大荧光发射波长值。

## 三、仪器与试剂

1. 仪器

荧光/磷光/分子发光光度计（IS55，美国 PerkinElmer 生产）。它的主要技术指标如下。测量波长范围：200～650nm；光源：脉冲氙灯；测量模式：激发光谱、发射光谱、波长同步光谱、能量同步光谱；测量方式：定性、定量、三维扫描、荧光动力学。

四面通石英比色皿一个（10mm×10mm），10mL 具塞比色管，1mL、2mL 移液管，洗耳球，洗瓶，镜头纸。

2. 试剂

二氯荧光素（0.50μg・$mL^{-1}$）标准工作溶液（内含 1mol・$L^{-1}$氢氧化钠 5mL 和 1mol・$L^{-1}$盐酸 3mL），二次蒸馏水。

## 四、操作步骤

1. 配制浓度为 0.50μg・$mL^{-1}$的二氯荧光素溶液，准备好实验所需的器皿工具。

2. 打开计算机、打印机和荧光光度计主机，预热 5min。

3. 对荧光光度计进行仪器初始化。

4. 选择定性扫描模式。安装测量参数。依次在激发波长值分别为 350nm、340nm、360nm，波长扫描范围为 200～650nm，激发和发射波长狭缝宽度为 5nm，响应时间为 10nm，扫描速度为 1000 时预扫描二氯荧光素的各发射光谱图（如图 2-18 所示），并且通过叠加的三份谱图分析和确定二氯荧光素的荧光发射峰，再确定最大发射波长值。

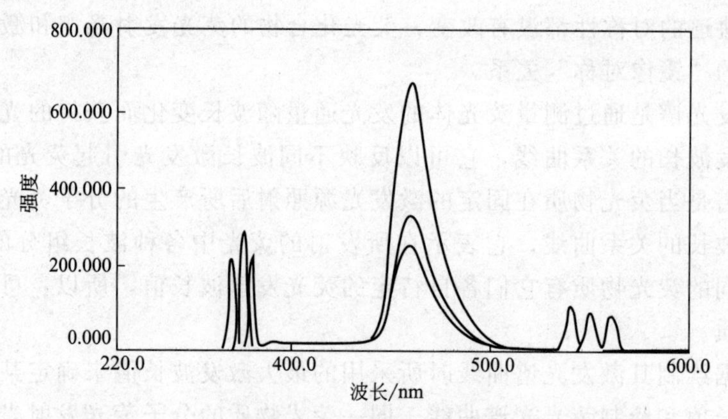


图 2-18 三种不同激发波长时的二氯荧光素发射光谱图

5. 将经步骤 4 确定的最大发射波长值安装在激发光谱类型中，测量其二氯荧光素的最大激发波长值，直到激发光谱和发射光谱中的峰高呈大同小异的等高状态为止（如图 2-19 所示）。

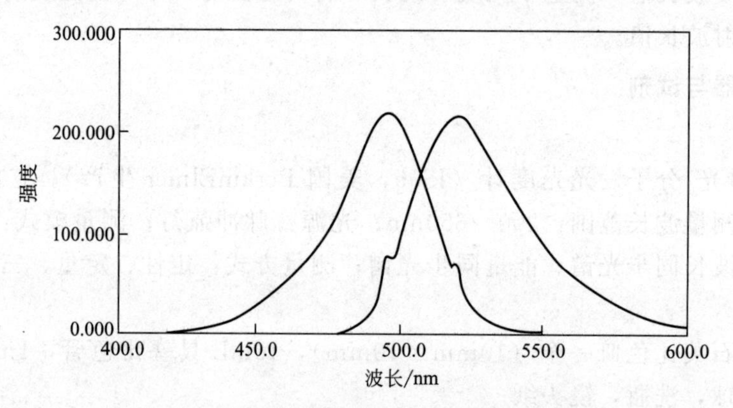


图 2-19 二氯荧光素激发光谱图和发射光谱图

6. 比较各扫描图，根据荧光峰不随激发波长改变而移位的特性，排除杂峰，确定荧光峰的波长范围及其最大荧光发射峰峰值。

## 五、数据处理

经 Microsoft Word 打印出所测量的图谱、参数、最大激发波长值和最大发射波长值。

## 思考题

1. 解释荧光分子的最大激发波长和最大发射波长的相互关系。

2. 测量荧光物质的分子荧光光谱需要注意哪些分析事项?

3. 综述 LS55 荧光/磷光/分子发光光度计定性测量模式的操作特点。

4. 荧光相对强度与哪些因素有关?为什么?

## 实训项目三　荧光法测定铝含量

### 一、实训目的

1. 掌握铝的荧光测定原理及方法。

2. 熟悉荧光测量、萃取等基本操作。

### 二、实训原理

铝离子能与许多有机试剂形成会发光的荧光配合物，其中 8-羟基喹啉是较常用的试剂，它与铝离子所生成的配合物能被氯仿萃取，萃取液在 365nm 紫外光照射下，会产生荧光，峰值波长在 530nm 处，以此建立铝的荧光测定方法，其测定范围为 0.002～0.24$\mu g \cdot mL^{-1}$。$Ga^{3+}$ 及 $In^{3+}$ 会与该试剂形成会发光的荧光配合物，应加以校正，存在大量的 $Fe^{3+}$、$Ti^{4+}$、$VO_3^-$ 会使荧光强度降低，应加以分离。

实验使用标准硫酸奎宁溶液作为荧光强度的基准。

### 三、仪器与试剂

1. 仪器

930 型荧光光度计（或其他型号），50mL 容量瓶 7 个，2mL 吸量管 1 支，5mL 吸量管 1 支，5mL 量筒 1 个，100mL 量筒 1 个，125mL 分液漏斗 7 个，漏斗 7 个。

2. 试剂

2% 8-羟基喹啉溶液：溶解 2g 8-羟基喹啉于 6mL 冰醋酸中，用水稀释至 100mL。

缓冲溶液：每升含 $NH_4Ac$ 200g 及浓 $NH_3 \cdot H_2O$ 70mL。

标准奎宁溶液（50.0$\mu g \cdot mL^{-1}$）：0.500g 奎宁硫酸盐溶解在 1L 0.5$mol \cdot L^{-1}$ 硫酸中，再取此溶液 10mL，用 0.5$mol \cdot L^{-1}$ 硫酸稀释到 100mL。

氯仿（A.R.）。

### 四、操作步骤

1. 铝标准溶液的配制

(1) 贮存标准液（1.000$g \cdot L^{-1}$）的配制　准确称取硫酸铝钾[$Al_2(SO_4)_3 \cdot K_2SO_4 \cdot 24H_2O$] 17.57g，溶解于水中，滴加 1+1 硫酸至溶液清澈，移至 1L 容量瓶中，用水稀释至刻度，摇匀。

(2) 工作标准液（2.00$\mu g \cdot mL^{-1}$）的配制　准确移取 2.00mL 铝的贮存标准液于 1L 容量瓶中，用水稀释至刻度，摇匀。

2. 标准曲线的制作

取六个125mL分液漏斗，各加入40～50mL水，分别加入0.00mL、1.00mL、2.00mL、3.00mL、4.00mL及5.00mL 2.00$\mu g \cdot mL^{-1}$铝的工作标准液。沿壁加入2mL 2% 8-羟基喹啉溶液和2mL缓冲溶液至以上各分液漏斗中。每个溶液均用20mL氯仿洗涤脱脂棉，用氯仿稀释至刻度，摇匀。选择合适的激发滤光片及荧光滤光片，用标准奎宁溶液调节荧光强度读数为100，然后分别测量系列标准溶液的荧光强度。以铝含量$c$为横坐标，荧光强度$F$为纵坐标，绘制标准曲线。

3. 试样中铝含量的测定

准确吸取一定体积的未知试液，按上述制备标准曲线的步骤加入各种试剂，测定其荧光强度。

**五、注意事项**

1. 不能颠倒各种试剂的加入顺序。
2. 每改变一次波长必须重新调零。

**六、数据处理**

根据标准曲线查得浓度（$\mu g \cdot mL^{-1}$）：$c_x$。

## 思考题

1. 标准奎宁溶液的作用是什么？如不用标准奎宁溶液，测量应如何进行？
2. 测定过程中为什么要加缓冲溶液？

### 附：滤光片的介绍

滤光片是能从连续光谱中滤出所需波长范围光的光学器件，在摄影成像、光学仪器等领域有着广泛的应用。在借助光学原理的分析仪器，如紫外分光光度仪、红外分光光度仪、旋光仪等仪器中，滤光片作为筛选光源的元件，起着不可缺少的重要作用。滤光片在工作时可以选择性地透过特定的光波并阻挡剩余光波的传播。滤光片根据工作原理、工作方式或工作性质可分为吸收滤光片、干涉滤光片、截止滤光片、带通滤光片、红外滤光片、紫外滤光片、中性密度滤光片、偏振光滤光片等几个类别。下面就常见的一些滤光片予以介绍。

1. 按工作原理分类

(1) 吸收滤光片（absorptive filter） 吸收滤光片能吸收特定的光波并让其余的光波透射传播。吸收滤光片通常由玻璃或明胶制成，并在其中掺入着色基质，通常其透射带宽为数十至数百纳米，波长稳定，不易褪色，经得起强光线长期照射。我国生产的吸收滤光片品种较多，采用胶体着色剂如硒化镉（CdSe）和硫化镉（CdS）以不同的比例掺入玻璃之中，可得到黄色（JB）、橙色（CB）、红色玻璃（HB）等滤光片，或采用离子着色基质，如氧化钴使玻璃呈现蓝色，氧化亚镍使滤光片呈紫色或棕色。

（2）干涉滤光片（interference filter）　干涉滤光片利用干涉原理使特定光谱范围的光通过并反射其余不需要的光线。干涉滤光片通常由玻璃表面覆盖多层薄膜制成，这些薄膜形成了连续的可反射光线的空腔，让所需波长的光线通过，同时将其余波长的光线反射回去。干涉滤光片的透光谱由其表面所覆薄膜的厚度和层数所决定，所以可以控制得较为准确，非常适用于精准度要求较高的科学研究工作。

2. 按工作方式分类

（1）截止滤光片（cut - off filter）　截止滤光片能把光谱范围分成两个区，一个区中的光不能通过（截止区），而另一个区中的光能充分通过（通带区），典型的截止滤光片有低通滤光片（shortpass filter，只允许短波光通过）和高通滤光片（longpass filter，只允许长波光通过）。

（2）带通滤光片（bandpass filter）　带通滤光片只允许较窄波长范围的光通过。

3. 按工作性质分类

（1）红外截止滤光片和红外透射滤光片（infrared cut-off filter and infrared transmitting filter）　红外截止滤光片又简称为红外滤光片，它能够反射或阻挡红外波段的辐射并让可见光通过，当一设备使用了高热量的白炽灯等灯泡时，加装红外滤光片可以有效滤除掉红外热辐射。红外透射滤光片与红外滤光片相反，它让红外线通过并阻挡可见光和紫外线，可用于红外成像等方面。

（2）紫外滤光片（ultraviolet filter）　紫外滤光片可以阻挡紫外线并让可见光通过。与人眼相比，照相设备的成像元件对紫外线更为敏感，如果不滤除紫外线，成像效果与拍摄者所见会产生差异。当装上紫外滤光片后，照相设备可拍摄出与拍摄者肉眼所见非常接近的图像。

（3）中性密度滤光片（neutral density filter）　中性密度滤光片对各波长能量作大致均匀的衰减，又称为灰滤光片。

（4）偏振光滤光片（polarization filter）　偏振光滤光片选择性地透过或阻挡具有特定偏振性的光线，简称偏光片。常见的偏光片有吸收偏光片和分光偏光片两种，吸收偏光片吸收具有某些偏振特性的光，并让希望得到的偏振光通过；分光偏光片让一束光分成两束具有相反偏振性的光。偏光片可以用在成像领域以滤除水面的偏振性反射光，还可以用于观看立体成像画面或影像。测定手性物质旋光用的旋光仪，用偏光片（起偏镜）得到偏振光以通过手性物质并利用另一片偏光片（检偏镜）来观察该物质的旋光性。

# 任务五　原子吸收分析法

## 实训项目一　火焰原子吸收光谱法灵敏度和自来水中钙、镁的测定

### 一、实训目的

1. 认知火焰原子吸收分光光度计，结合仪器主要部件功能加深理解原子吸收

光谱法的基本原理。

2. 学习优化选择最佳实验条件的基本方法和仪器操作使用技术。

3. 掌握运用测量数据计算仪器的灵敏度。

4. 掌握用标准曲线法测定元素含量的定量分析方法。

## 二、实训原理

由钙（镁）元素灯发射出一定强度和一定波长的特征光谱（Ca 422.7nm、Mg 285.2nm），在通过含有钙或镁的基态原子蒸气的火焰时，产生特征吸收，透过原子蒸气的特征光强度将减弱，并投射到光电检测器上被检出。光强减弱的程度与蒸气中该元素的浓度成正比，即吸光度遵守朗伯-比耳定律：

$$A=\lg\frac{I_0}{I}=KcL$$

据此定量关系，利用工作曲线法或标准加入法即可测得自来水中钙、镁的含量。

仪器的测量条件直接影响分析结果，实验条件既可按仪器说明书所推荐的来设置，也可在实际分析工作中对实验条件进行优化选择。在工作条件优化选择时，可先将各种参数固定在某一参考水平上，分析同一标准溶液时，逐个改变所研究的参数，使吸光度最大、稳定性最好的测量条件即为最佳实验条件。

（1）灯工作电流及灯位置　按照仪器说明书所推荐的数值范围选定灯电流，调节灯位置使其对准光轴，信号强度指示应为最大。

（2）分析线　Ca 422.7nm，Mg 285.2nm。

（3）狭缝宽度　根据说明书所推荐的光谱通带调节狭缝宽度，使吸光度大、稳定性好。

（4）燃烧器高度　调节燃烧器位置，使长缝与光轴平行，位于光束的正下方并在同一垂面上，使吸光度最大的高度为最佳高度。

（5）燃助比　根据厂家的推荐设定，或在不同燃助比下测定吸光度，选取使吸光度最大的燃助比。

## 三、仪器与试剂

1. 仪器

带火焰原子化器原子吸收分光光度计及其附件，容量瓶，移液管。

2. 试剂

（1）钙标准溶液　100.0$\mu g \cdot mL^{-1}$。

（2）钙标准系列溶液　分别吸取 100.0$\mu g \cdot mL^{-1}$ 的钙标准溶液 2.00mL、4.00mL、6.00mL、8.00mL、10.00mL，置于 5 个 100mL 容量瓶中，用去离子水稀释至刻度，摇匀，该标准系列溶液钙的浓度依次为 2.00$\mu g \cdot mL^{-1}$、4.00$\mu g \cdot mL^{-1}$、6.00$\mu g \cdot mL^{-1}$、8.00$\mu g \cdot mL^{-1}$、10.00$\mu g \cdot mL^{-1}$。

（3）镁标准溶液　50.0$\mu g \cdot mL^{-1}$。

（4）镁标准系列溶液　分别吸取 50.00$\mu g \cdot mL^{-1}$ 的镁标准溶液 1.00mL、

2.00mL、3.00mL、4.00mL、5.00mL，置于5个100mL容量瓶中，用去离子水稀释至刻度，摇匀，该标准系列溶液镁的浓度依次为0.500μg·mL$^{-1}$、1.00μg·mL$^{-1}$、1.50μg·mL$^{-1}$、2.00μg·mL$^{-1}$、2.50μg·mL$^{-1}$。

（5）自来水样溶液　准确吸取（适量）自来水样10.00mL于100mL容量瓶中，用去离子水稀释至刻度，摇匀。

## 四、操作步骤

1. 检测设备及其附件情况，打开仪器，预热。

2. 钙的测定

（1）设置测定操作参数　保证仪器能够在最佳测定条件下工作，将各种不利的影响降至最低。

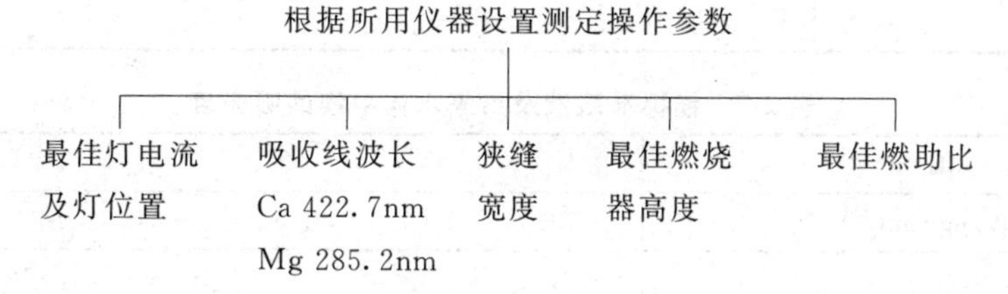


（2）点火并校正仪器　在选定的实验条件下，按照操作使用章程点火，待火焰稳定后，用去离子水作空白，对仪器进行调校。

（3）测量　将钙标准系列溶液按浓度由低到高依次喷入火焰测定吸光度并记录。用去离子水清洗和调零后，在相同实验条件下测出自来水样中钙的吸光度并记录。

3. 镁的测定

换镁空心阴极灯，按（1）～（3）步骤测得镁标准系列溶液及水样中镁的吸光度并记录。

4. 结束工作

测量完毕后，用去离子水喷数分钟清洗原子化系统，按照仪器说明书关机程序关机，经检查确认无误后方可离开实训室。

## 五、注意事项

1. 分析人员对仪器的操作使用应严格遵照说明书进行。点火前需检查气路及其接头和封口是否漏气，水封是否完好。点燃火焰时，必须先开助燃气，后开燃气；熄灭火焰时，要先关燃气，后关助燃气。此顺序千万不可颠倒，防止回火、爆炸，确保安全。

2. 在进行分析线位于短波区元素的测定时，不要直视点燃的灯窗，火焰区应有遮光板或配戴防护眼镜。

3. 自来水样中钙、镁离子浓度应在标准系列溶液包括的浓度范围内，否则需增大或减小取样量，或者重新配制系列标准溶液。

## 六、数据处理

1. 记录实验条件和原始数据，分别填入表 2-5～表 2-7 中。

**表 2-5　仪器测定参数**

| 被测元素 | 分析线 /nm | 灯电流 /mA | 狭缝宽度 /mm | 燃烧器高 /mm | 空气流量 /L·min$^{-1}$ | 乙炔流量 /L·min$^{-1}$ |
|---|---|---|---|---|---|---|
| Ca | 422.7 | | | | | |
| Mg | 285.2 | | | | | |

**表 2-6　钙标准溶液及自来水样中钙的吸光度**

| 编号 | 1 | 2 | 3 | 4 | 5 | 6 |
|---|---|---|---|---|---|---|
| 钙标准溶液浓度/μg·mL$^{-1}$ | 2.00 | 4.00 | 6.00 | 8.00 | 10.00 | 自来水样 |
| 吸光度 $A$ | | | | | | |

**表 2-7　镁标准溶液及自来水样中镁的吸光度**

| 编号 | 1 | 2 | 3 | 4 | 5 | 6 |
|---|---|---|---|---|---|---|
| 镁标准溶液浓度/μg·mL$^{-1}$ | 0.500 | 1.00 | 1.50 | 2.00 | 2.50 | 自来水样 |
| 吸光度 $A$ | | | | | | |

2. 根据实验数据，分别绘制钙、镁的 $A$-$c$ 标准曲线。

3. 分析结果计算：由水样测得钙、镁的吸光度，从标准曲线上求出稀释水样中钙、镁的浓度，再换算成自来水样中钙、镁的实际含量。

4. 灵敏度：根据原子吸收光谱法灵敏度定义，由测量的数据，按下式计算出仪器测定钙、镁的灵敏度。

$$Sc=\frac{0.0044c}{A}$$

式中，$Sc$ 为特征浓度，μg·(mL·1%)$^{-1}$；$c$ 为被测溶液浓度，μg·mL$^{-1}$；$A$ 为测得的溶液吸光度。

## 思考题

1. 如何优化选择原子吸收光谱法最佳工作条件？有何意义？
2. 为什么在测量溶液吸光度之前要用去离子水调零？
3. 测定不同元素时为何需用相应的元素灯？

# 实训项目二　火焰原子吸收光谱法测定水中的镉

## 一、实训目的

1. 能选择合理的方法对水中镉的含量进行测定。

2. 能熟练对火焰原子吸收分光光度计进行操作及使用。

3. 能分析所测的数据，并给出结果。

## 二、实训原理

镉是水体中常见的重金属污染物之一，国家饮用水标准强制规定在饮用水中镉含量不得超过 $0.005mg \cdot L^{-1}$。原子吸收分光光度法是检测重金属的通用方法之一，但如果直接采用火焰原子吸收分光光度法测定水样中镉的含量时往往灵敏度较低，达不到上述检测要求，因此本实验先将样品浓缩后再用火焰原子吸收分光光度法进行测定。

在火焰原子吸收法测定中，实验条件的选择直接影响到测定的灵敏度、准确度、精密度和方法的选择性。本实验通过对燃气流量、灯电流、狭缝宽度和燃烧器高度等实验条件进行优化，以选定测定镉的最佳实验条件。定量采用标准曲线法。

## 三、仪器与试剂

1. 仪器

原子吸收分光光度仪，镉空心阴极灯，电热板蒸发装置，1000mL 容量瓶，100mL 容量瓶，10mL 容量瓶，10mL 移液管，漏斗。所有使用到的玻璃仪器均用硝酸（1+1）浸泡 24h，纯化水洗净，晾干后备用。

仪器工作参数：吸收波长 228.8nm；助燃气为空气，流量 $6.5L \cdot min^{-1}$，其他实验条件待优化。

2. 试剂

硝酸（1+1），$0.5g \cdot L^{-1}$硝酸，镉金属标准品，纯化水，滤纸。

## 四、操作步骤

1. 样品预处理

取待测水样品 200mL，过滤，在电热板上缓缓加热浓缩至 5mL，加入硝酸（1+1）10mL，在电热板上加热消解，待烟雾散去后，继续加热，浓缩至约 5mL，将样品移入 10mL 容量瓶中，用 $0.5g \cdot L^{-1}$硝酸定容，待测。

另取纯化水 200mL，同法操作，得到空白试液。

2. 系列浓度的镉标准工作溶液的配制

（1）镉标准贮备溶液的配制（$0.100g \cdot L^{-1}$）　精密称取镉金属标准品 0.1g，取适量硝酸（1+1）溶解，移入 1000mL 容量瓶中，纯化水定容。

（2）镉标准工作溶液的配制　临用时分别移取镉标准贮备溶液 1.00mL、2.00mL、3.00mL、4.00mL 和 5.00mL，置于 50mL 容量瓶中，加 $0.5g \cdot L^{-1}$硝酸至刻度，混匀。浓度分别为 $0.200mg \cdot L^{-1}$、$0.400mg \cdot L^{-1}$、$0.600mg \cdot L^{-1}$、$0.800mg \cdot L^{-1}$和$1.00mg \cdot L^{-1}$。

3. 实验条件的选择

实验条件未优化时使用的实验条件：吸收波长 228.8nm；灯电流 4mA；狭缝宽度 0.4nm；燃烧器高度 10mm；燃气采用乙炔；助燃气为空气，流量 $6.5L \cdot min^{-1}$。

（1）燃气流量的选择　在火焰原子吸收光谱仪的燃烧器参数中改变乙炔流量值分别为 $0.8\ L\cdot min^{-1}$、$1.0L\cdot min^{-1}$、$1.2L\cdot min^{-1}$、$1.4L\cdot min^{-1}$和 $1.6L\cdot min^{-1}$，在每一流量下测定 $0.600mg\cdot L^{-1}$镉标准工作溶液的吸光度（曲线上最大吸光度所对应的燃气流量即为最佳燃气流量）。

（2）灯电流的选择　在选定的最佳助燃比条件下，分别在 2mA、4mA、6mA 和 8mA 不同灯电流时喷雾测定 $0.600mg\cdot L^{-1}$镉标准工作溶液的吸光度（选吸光度大且稳定及所对应的尽量低的灯电流为最佳灯电流）。

（3）狭缝宽度的选择　在选定的最佳助燃比和灯电流条件下，将狭缝宽度分别置于 0.4nm、1nm 和 2nm，喷雾 $0.600mg\cdot L^{-1}$镉标准工作溶液，测量吸光度（选择不引起吸光度减小的最大狭缝为最佳狭缝宽度）。

（4）燃烧器高度的选择　在选定的最佳助燃比、灯电流和狭缝宽度条件下，将燃烧器高度分别置于 6mm、8mm、10mm、12mm 和 14mm，喷雾 $0.600mg\cdot L^{-1}$镉标准工作溶液，测量吸光度（选择最大吸光度所对应的燃烧器高度为最佳燃烧器高度）。

4. 标准曲线的绘制

按照优化选定的仪器工作参数，依次测定浓度为 $0.200mg\cdot L^{-1}$、$0.400mg\cdot L^{-1}$、$0.600mg\cdot L^{-1}$、$0.800mg\cdot L^{-1}$和 $1.00mg\cdot L^{-1}$的镉标准工作溶液吸光度，并绘制标准曲线。

5. 镉含量的测定

将制得的样品试液与空白试液按优化选定的仪器工作参数，各自进行吸光度的测定，得到样品的吸光度 $A_x=A_{试液}-A_{空白}$。

## 五、注意事项

1. 乙炔为易燃易爆气体，必须严格按照操作步骤工作。在点火时应先开空气，再开乙炔气；结束或暂停实验时，应先关闭乙炔气，后关空气。乙炔气瓶不得超压工作。在乙炔气源附近严禁明火或过热高温物体存在。

2. 使用乙炔设备之前，用肥皂水检查所有的调压器、管道和钢瓶接头是否漏气。

## 六、数据处理

由样品吸光度从标准曲线上查得样品浓度（$mg\cdot L^{-1}$）：$c_x$

试样中镉的含量（$mg\cdot L^{-1}$）：$c_{Cd样品}=c_x\times\frac{10.0}{200.0}$

## 思考题

1. 燃助比为什么会影响测定的灵敏度？

2. 本实训为何要用镉的空心阴极灯作光源？能否用氢灯或钨灯代替？

## 实训项目三　石墨炉原子吸收光谱法最佳温度和时间的选择及环境水样中微量铅的测定

### 一、实训目的

1. 熟悉石墨炉原子吸收光谱法分析原理和方法。
2. 熟悉石墨炉原子化器的基本结构和仪器操作使用技术。
3. 了解石墨炉原子化最佳实验条件的优化选择。
4. 掌握AAS定量分析方法。

### 二、实训原理

环境水样经适当处理后，注入石墨炉原子化器，在仪器设置的操作参数和程序升温的实验条件下，水样在石墨管内干燥及灰化，当石墨管升至2000℃以上的原子化温度时，水样中待测的铅元素在管内分解蒸发为气态基态原子。从铅元素灯发射出的共振线通过石墨管时，管中的基态铅原子则吸收该特征谱线，且吸收强度与水样中铅的含量成正比，服从光的吸收定律：$A=Kc$。选择适当的定量分析方法即能求出环境水样中微量铅的含量。

石墨炉工作时，需经历干燥、灰化、原子化和净化四个阶段，对测定影响很大。其工作温度和时间的设置至关重要，应根据所用仪器并通过实验来选择合适的温度和时间参数。

（1）干燥温度及时间选择　干燥温度可根据溶液沸点来选择，一般应略低于沸点温度；干燥时间取决于进样量的多少，选择是否合适可以用1%硝酸作空白溶液进行检查。

（2）灰化温度及时间选择　在合适的干燥温度与时间条件下，注入20μL浓度适宜的铅标准溶液，在初步选定的原子化温度及时间下，通过实验绘制灰化曲线来选择最佳灰化温度与时间。

（3）原子化温度及时间选择　取20μL合适浓度的铅标准溶液，在已选定的干燥、灰化温度与时间的条件下，进行干燥和灰化。然后以一定的温度间隔依次升温，制作原子化温度对吸光度的原子化曲线，能产生最大吸收信号的最低温度即为最佳原子化温度，原子化时间以使试样完全原子化为宜。

（4）净化温度及时间选择　测定完毕后，继续加热石墨管，使其温度稍高于原子化温度，以便在短时间内除去管中样品残渣，清洁石墨管并消除残留物的记忆效应，净化时间约为3s。

### 三、仪器与试剂

1. 仪器

带石墨炉原子化器的原子分光光度计及相应配件，容量瓶，移液管，烧杯。

2. 试剂

(1) 硝酸　优级纯或分析纯。

(2) 去离子水　将蒸馏水依次通过阴、阳离子交换树脂及阴阳混合离子交换树脂制备，实验所有溶液均用去离子水配制。

(3) 铅标准贮备液　准确称取光谱纯金属铅 0.5000g，用适量 1+1 硝酸微热溶解并驱除氮氧化物，冷却后定量移入 500mL 容量瓶中，用去离子水稀释至刻度，充分摇匀。此溶液铅的含量为 $100.0\mu g \cdot mL^{-1}$。

(4) 铅标准溶液　准确吸取铅标准贮备液 1.00mL，置于 1L 容量瓶中，加硝酸 10mL，然后用去离子水稀释至刻度，充分摇匀。此溶液含铅 $100.0ng \cdot mL^{-1}$。

(5) 环境水样　将聚乙烯塑料瓶预先用 1% 硝酸浸泡一昼夜后，用去离子水洗净。采样时用环境水样荡洗 3 次，盛取水样后，每 500mL 环境水样加入 1mL 硝酸酸化保存备用。

## 四、操作步骤

1. 检测设备及其附件情况，打开仪器，预热。

2. 配制铅标准系列溶液

分别吸取含铅 $100.0ng \cdot mL^{-1}$ 的标准溶液 1.00mL、5.00mL、10.00mL、20.00mL、30.00mL，置于 5 个已编号的 50mL 容量瓶中，用 1% 硝酸稀释至标线摇匀，该标准系列溶液铅的浓度依次为 $2.00ng \cdot mL^{-1}$、$10.00ng \cdot mL^{-1}$、$20.00ng \cdot mL^{-1}$、$40.00ng \cdot mL^{-1}$、$60.00ng \cdot mL^{-1}$。

3. 制备待测水样溶液

从贮存环境水样的聚乙烯塑料瓶中准确吸取适量水样，置于 50mL 容量瓶中，用 1% 硝酸稀释至标线摇匀，此溶液中铅的浓度不得大于 $60.00ng \cdot mL^{-1}$。

4. 设置工作参数及测定条件

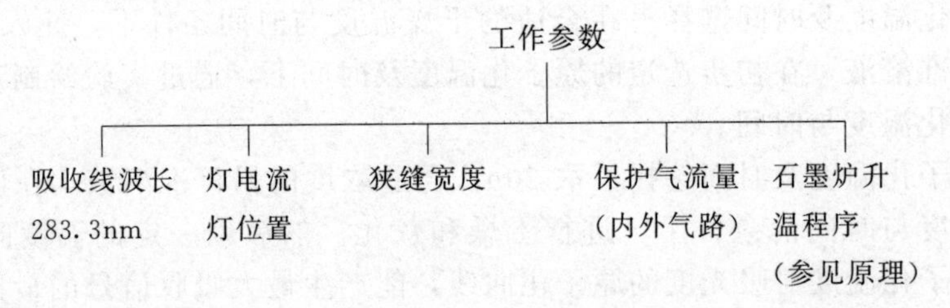


5. 测定

在优化选择的工作条件下，以 1% 硝酸为参比，对仪器调校完毕后，用微量注射器，按铅标准系列溶液浓度由低到高依次吸取 $20\mu L$，注入石墨管，经干燥、灰化及原子化后，测得各标准系列溶液的吸光度并记录。然后在相同的实验条件下，测量待测水样的吸光度并记录。

6. 结束工作

按要求关好气源、电源，并将仪器开关、旋钮置于初始位置。

## 五、注意事项

1. 溶液在石墨管中干燥时，为保证其完全干燥而不产生沸溅，宜采用斜坡升温方式，分两步干燥。

2. 如果环境水样比较复杂，可用标准加入法替换标准曲线法，以消除基体干扰。加入基体改进剂则可避免化学干扰。

3. 各标准溶液及水样在石墨管中的位置对测量产生影响，必须认真仔细调整好进样器进样位置，以便获得较佳的分析结果。

## 六、数据处理

1. 记录实验条件和原始数据，分别填入表 2-8、表 2-9 中。

**表 2-8　仪器测量条件**

| 项　　目 | 具体条件 |
| --- | --- |
| 被测元素 | 铅 |
| 吸收线波长/nm | 283.3 |
| 铅灯电流/mA | |
| 狭缝宽度/nm | |
| 保护气流量/L·min$^{-1}$ | |
| 进样量/μL | |
| 干燥温度/℃ | |
| 干燥时间/s | |
| 灰化温度/℃ | |
| 灰化时间/s | |
| 原子化温度/℃ | |
| 原子化时间/s | |
| 净化温度/℃ | |
| 净化时间/s | |

**表 2-9　铅标准溶液及环境水样中铅的吸光度**

| 编　　号 | 1 | 2 | 3 | 4 | 5 | 6 |
| --- | --- | --- | --- | --- | --- | --- |
| 铅标准溶液浓度/ng·mL$^{-1}$ | 2.00 | 10.00 | 20.00 | 40.00 | 60.00 | 环境水样 |
| $A$ | | | | | | |

2. 绘制铅的 $A$-$c$ 工作曲线：根据表 2-9 中的实验数据制作铅的吸光度对浓度的工作曲线。

3. 分析结果计算：根据被测水样中铅的吸光度，由工作曲线查得铅的浓度，再换算成环境水样中铅的实际含量。

## 思考题

1. 原子吸收光谱法中使试样原子化的方法有哪些？

2. 为什么石墨炉原子化法测定的灵敏度高于火焰原子化法？

3. 石墨炉原子化分光光度法中哪些条件对测定的影响较大？

## 附：使用原子分光光度计的安全防护

### 一、仪器安置与要求

1. 安放场所环境温度：5～35℃；相对湿度：≤85%。

2. 仪器应置于水平无振动平台上，工作时无摇动现象。

3. 电源电压 (220±22)V，电源频率 (50±1)Hz，并具有接地良好的地线。

4. 室内通风良好，最好安装有恒温恒湿设备，不得有强光直射，不存在腐蚀性气体和对测定有影响的无机、有机气体，不准吸烟，保持整洁。

5. 仪器周围无强磁场、电场以及振动源干扰，附近没有产生高频波的机器，无强气流影响。

6. 所有紧固件均应安装牢固，各调节旋钮、按键和开关均能正常工作，无松动现象，电缆线接插件接触良好。

7. 气路连接正确，不得有漏气现象，气源压力符合相关规定的指标。

8. 安装有排风装置，排气罩应对准仪器燃烧头的正上方。

9. 最好配备水循环设备为石墨炉提供冷却水，以免管道内结垢。

### 二、仪器的安全防护

1. 仪器的操作使用应严格遵照操作章程和厂家提供的使用指南。

2. 供气钢瓶要安放牢固，保持垂直，不能翻倒。气瓶应放置在通风良好、无阳光直射的房间内，温度不能超过 40℃，附近不能有火源，一般不和主机安装在同一个房间。

3. 火焰原子化法点火顺序千万不可颠倒，否则会引起回火或爆炸。

4. 定期检查气路的各个接封口、气瓶阀门及压力表，使保持正常。开启乙炔钢瓶时，主阀从完全关闭状态下旋开不应超过 1.5 圈，乙炔钢瓶压力小于 500kPa 则需及时更换新瓶，防止瓶内丙酮溶剂流出而损坏仪器。

5. 空心阴极灯工作电流不能超过最大允许电流，调试时应由低到高缓慢增大，不用时应放置在干燥的地方。长期不用的灯，每隔数月点燃一定时间以保持性能。灯在使用一段时间后性能下降，可将灯反接后在规定的最大工作电流下通电作激活处理，延长使用寿命。灯在安装或更换时，要小心操作，轻拿轻移轻放，应一手护住灯，一手打开灯座锁扣，以免损坏。灯窗若有污物，可用脱脂棉蘸取 1∶1 无水乙醇和乙醚混合液轻轻擦拭除去。

6. 火焰原子化系统在每次测量完毕后，应继续点火，用去离子水吸喷数分钟以清除残液或污物。特别是在分析强酸碱样品，使用有机溶液喷雾或喷入高浓度的铜、银、汞盐溶液后，则需彻底清洗，方法是依次用纯有机溶剂、丙酮、1%硝酸和去离子水吸喷 5min。

7. 喷雾器的毛细管要防止污染，不能折弯及堵塞，必要时可拔下毛细管清洗，若有污物阻塞，可用清洁细软的金属丝将其除去。

8. 雾化室坚持定期仔细清洗。用去离子水冲洗或用纱布浸取适当溶剂小心擦除积垢，防止损伤内壁，清洗液从废液管中排出，然后空吹数分钟或吸喷少量丙酮来加速干燥，便于保存。

9. 缝型燃烧器点燃火焰后应呈均匀带状，如有缺口或锯齿形，则缝隙中有污物或液滴，应在关闭燃气、接通空气条件下，用滤纸插入揩拭干净，无效时用金属刀片小心刮除，不能起毛或出现划痕，或用细金相砂纸仔细打磨除去。必要时可取下燃烧头在自来水下用细软毛刷刷洗干净，然后吸干缝隙中的水分。不用时可用硬纸片遮盖住燃烧器缝口，防止灰尘、杂物等进入。

10. 石墨炉与石墨管连接的两个端面要平滑清洁，确保两者接触紧密。如石墨接触器有污物则应立即清除，同时防止其随气流进入石墨管中影响分析。石墨管两端的透光窗易被试样沾污，应经常检查并清洗。

11. 坚持每天上班打开门窗，保持室内空气流通。天气潮湿时，每周通电开机1～2次，必要时使用电吹风弱热风挡对电气密集区吹一次，以便保证仪器不受潮湿影响。

12. 外光路中的透镜表面若有灰尘，可用洗耳球吹除，或用擦镜纸轻轻擦除。不能用嘴吹，以免留下水汽，如有沾污，则用有机溶剂擦洗，切勿取出擦拭。

13. 空气压缩机或空气管路中应装有除湿器，以便能供应干燥空气，空气中的水汽一旦进入仪器内部，就会影响仪器的正常工作。空压机在使用中应经常放水，放水应在火焰熄灭时带压进行，并检查出水管是否漏气，若有则需及时报修。

# 任务六　气相色谱法

## 实训项目一　气相色谱仪的性能检查、柱性能的测定

### 一、实训目的

1. 了解气相色谱仪的基本结构及特点。
2. 熟悉气相色谱仪的一般使用方法。
3. 掌握常用色谱定性参数的测定方法。

### 二、实训原理

气相色谱仪主要是由气源、进样器、色谱柱、检测器、记录器等组成的。其流动相为气体，载气应在气路密闭良好的条件下流动，不允许有漏气现象发生。气相色谱仪的通用检测器是热导检测器和氢火焰离子化检测器，其主要性能是灵敏度及检测限，检测器的灵敏度越高，检测限越大，检测器的性能越好。色谱柱是色谱仪的分离部分，柱分离效能指标可用理论塔板数（$n$）衡量，塔板数越高，柱效越高。色谱柱对相邻两组分分离程度的好坏可用分离度（$R$）判断，$R$ 值通常应大于1.5。分离后的每一个色谱峰是否对称（呈正态分布），通常可用拖尾因子（$T$）来衡量，拖尾因子主要反映色谱柱的填充状况，填充良好的色谱柱，峰拖尾因子应在0.95～1.05。

## 三、仪器与试剂

1. 仪器

GC112A 气相色谱仪（上海精密科学仪器公司），HW-2000 色谱工作站（上海千谱）。

2. 试剂

苯（A. R.），甲苯（A. R.），苯-甲苯（1∶1）溶液。

## 四、操作步骤

### （一）气路密封性检查

1. 载气气路密封性检查

先将载气出口处螺母和硅橡胶闷柱，再将钢瓶输出压力调到 $4\sim6kgf\cdot cm^{-2}$（392.27～588.40kPa），然后打开载气稳压阀，将柱前压力调到 $3\sim4kgf\cdot cm^{-2}$（294.20～392.27kPa），观察载气的转子流量计。如流量计无读数，则表示气密性良好；如流量计有读数，则表示有漏气现象。探漏可用十二烷基磺酸钠水溶液检漏，若发现某部位有气泡出现，即为漏处，此时应拧紧气路连接处至检查转子沉于底部为止。切勿用强酸性肥皂水探漏，以免管道受损。

2. 氢气和空气气路密封性检查

（1）氢气　拧开离子头螺母，用镊子夹住洁净的硅橡胶，小心堵住离子头喷嘴，按“载气气路密封性检查”方法检查，至氢气流量加大至实验流量值的 2～3 倍，用十二烷基磺酸钠水溶液检漏。

（2）空气　将空气流量调至最大，用十二烷基磺酸钠水溶液探漏，至各连接处无气泡出现，表示密闭性良好。

### （二）热导检测器的灵敏及检测限的测定

1. 实验条件

色谱柱　DNP/6201（15%～20%），2m。

载气　$H_2$。

柱温　80℃±5℃。

检测器温度　80℃±5℃。

气化室温度　120℃。

载气流速　$20\sim30mL\cdot min^{-1}$。

桥流　120～130mA。

灵敏度（衰减指数，$K$）1/1。

记录器灵敏度（$C_1$）$0.2mV\cdot cm^{-1}$。

纸速（$C_2$）$1cm\cdot min^{-1}$。

2. 实验步骤

（1）将色谱柱出口端与热导池相连，拧紧，检查是否漏气。

（2）调节载气流量至规定量。

（3）打开主机“启动”开关。

（4）调节“温控”旋钮，控制柱温、检测器温度及气化室温度至规定温度。

（5）将“热导氢火焰转换”开关拨至“热导”，打开热导氢火焰放大器上的电源开关。调节“热导电流”旋钮，使桥流达到所需值。（注意：不通载气，不准加桥流！）

（6）将“衰减”置于1/1挡。（测定检测器灵敏度时，K置于1/1时为好。）

（7）打开记录器电源开关，进行池平衡调节，待稳定后，打开记录笔开关，设定纸速，待基线稳定后进样。

（8）用微量注射器吸取样品苯0.5μL，注入色谱柱中分析，重复进样3次。

（9）测量色谱峰的有关数据。

### （三）氢火焰离子化检测器的灵敏度及检测限的测定

1. 实验条件

载气　$N_2$。

检测器温度　120℃。

燃气　$H_2$，$H_2/N_2=1/1$。

助燃气　空气，$H_2$/空气＝1/10～1/5。

载气流速　30～40mL·min$^{-1}$。

其他条件同热导检测器。

2. 实验步骤

（1）将色谱柱的出口端与氢火焰离子化检测器相连，拧紧，检查气路密封是否良好。

（2）将载气流量调节到规定流量。

（3）打开主机“启动”开关。

（4）调节“温控”，使柱温、检测器温度及气化室温度达到规定温度。

（5）将“热导氢火焰转换”开关拨至“氢火焰”，打开电源开关。

（6）打开记录器电源开关。将“灵敏度选择”开关置于1000，“衰减”开关置于1/1，把“基始电流补偿”电位器按逆时针方向旋到底。调节“零调”，使记录器指针指示0mV处，并观察放大器工作是否稳定，基线漂移是否在0.05mV·h$^{-1}$内。

（7）将空气钢瓶的表压调至2kgf·cm$^{-2}$（196.13kPa），再调节“空气针形阀”使空气的流量在300～800mL·min$^{-1}$。

（8）将氢气钢瓶的表压调至1.5kgf·cm$^{-2}$（147.10kPa），再调节“氢气稳压阀”使氢气流量在25～35mL·min$^{-1}$。

（9）在空气和氢气调节稳定的条件下，可开始点火。将“点火开关”拨至“点火”处，约10s后，将开关扳下，这时若记录器指针不在原来位置，说明氢火焰已点燃（此时若改变氢气流量或变换灵敏度位置，基线会发生变动）。

（10）调节“基始电流补偿”使记录笔指零。待基线稳定后开始进样。

（11）用微量注射器吸取 0.05%苯的二硫化碳溶液 0.5μL，注入色谱柱中分析。重复进样 3 次。

（12）测量色谱峰的有关数据。

**（四）系统适用性试验**

按照（二）项下的实验条件及操作步骤，选用苯-甲苯（1∶1）溶液为样品，进样 0.5μL，重复测定 3 次，记录测定数据。

## 五、注意事项

1. 仪器开关之前，务必保证气路系统密封良好。

2. 使用热导检测器时，不通载气不准加桥流，以避免热导钨丝烧断。

3. 使用氢火焰离子化检测器时，不点火严禁通 $H_2$，通 $H_2$ 后要及时点火。

## 六、数据处理

1. 数据记录

| 实验序号 | $t_R$/min | $H$/cm | $A$/cm$^2$ | $W$/cm | $W_{1/2}$/cm |
|---|---|---|---|---|---|
| Ⅰ | | | | | |
| Ⅱ | | | | | |
| Ⅲ | | | | | |
| 平均值 | | | | | |

2. 计算公式

（1）热导检测器的灵敏度（$S_c$）

$$S_c(\text{mV}\cdot\text{mL}^{-1}\cdot\text{mg}^{-1})=\frac{Ac_1c_2c_3}{W}$$

式中，$A$ 为色谱峰面积，cm$^2$；$c_1$ 为记录器的灵敏度，mV·cm$^{-1}$；$c_2$ 为记录纸速的倒数，min·cm$^{-1}$；$c_3$ 为柱出口载气流速，mL·min$^{-1}$；$W$ 为某组分的进样量，mg。

（2）热导检测器的检测限（$D_c$）

$$D_c=\frac{2N}{S_c}$$

（3）氢火焰离子化检测器的灵敏度（$S_m$）

$$S_m=\frac{Ac_1c_2\times 60}{W}$$

式中，$A$、$c_1$、$c_2$ 的含义同上；$W$ 的单位常用 g 表示。

（4）氢火焰离子化检测器的检测限（$D_m$）

$$D_m=\frac{2N}{S_m}$$

（5）色谱柱的理论塔板数（$n$）

$$n=5.54\left(\frac{t_R}{W_{1/2}}\right)^2$$

（6）分离度（$R$）

$$R=\frac{2(t_{R_2}-t_{R1})}{W_1+W_2}$$

1. 如何检查气相色谱气路系统是否漏气？
2. 如何判断进样口密封垫是否该换？

## 实训项目二　气相色谱法测定醇系物

### 一、实训目的

1. 进一步巩固 GC112A 型气相色谱仪的使用方法。
2. 学习用气相色谱法对醇系物进行分离分析。
3. 掌握程序升温气相色谱法的原理及基本特点。

### 二、实训原理

醇系物系指甲醇、乙醇、正丙醇和正丁醇等，其中常含有水分。

程序升温的原理：用气相色谱法分析样品时，各组分都有一个最佳柱温。对于沸程较宽、组分较多的复杂样品，柱温可选在各组分的平均沸点左右，显然这是一种折中的办法，其结果是低沸点组分因柱温太高很快流出，色谱峰尖而挤甚至重叠，而高沸点组分因柱温太低，滞留过长，色谱峰扩张严重，甚至在一次分析中不出峰。

程序升温气相色谱法是色谱柱按预定程序连续或分阶段地进行升温的气相色谱法。采用程序升温技术，可使各组分在最佳的柱温流出色谱柱，以改善复杂样品的分离，缩短分析时间。另外，在程序升温操作中，随着柱温的升高，各组分加速运动，当柱温接近各组分的保留温度（在程序升温操作中，组分从进样到出现峰最大值时的柱温叫做该组分的保留温度，用 $T_R$ 表示）时，各组分以大致相同的速度流出色谱柱，因此各组分的峰宽大致相同，称为等峰宽。如图 2-20 所示。

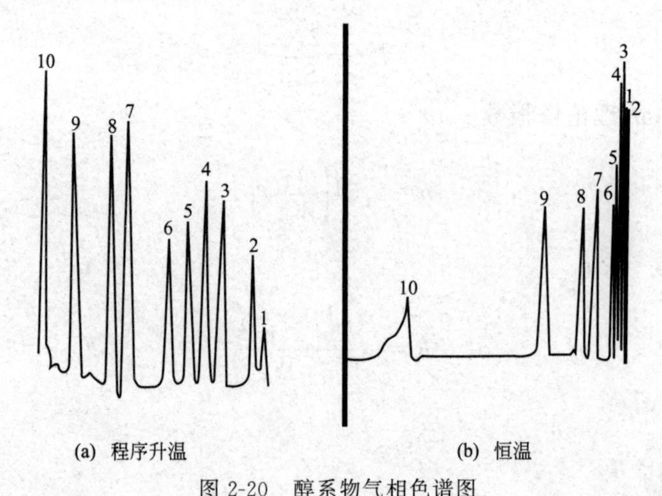


(a) 程序升温　　　(b) 恒温

图 2-20　醇系物气相色谱图

1—甲醇；2—乙醇；3—正丙醇；4—异丁醇；5—正丁醇；6—异戊醇；

7—正己醇；8—环己醇；9—正辛醇；10—正十二烷醇

## 三、仪器与试剂

1. 仪器

(1) GC112A 气相色谱仪（上海精密科学仪器公司），HW-2000 色谱工作站（上海千谱）。

(2) 高纯 $N_2$ 钢瓶，$H_2$ 发生器，空气发生器，1$\mu$L 微量注射器。

(3) 色谱柱：PEG 20M，101 白色载体，80～100 目，长 2m、内径 2mm 的不锈钢柱 2 只。

2. 试剂

甲醇，乙醇，正丙醇，正丁醇，异丁醇，异戊醇，正己醇，环己醇，正辛醇，正十二烷醇。均为色谱纯，按大致 1∶1 的体积比混合制成样品。

## 四、操作步骤

1. 待分离样品的配制

分别用 1mL 的注射器取甲醇、乙醇、正丙醇、正丁醇、异丁醇、异戊醇、正己醇、环己醇、正辛醇，分别注入已知空重的干燥小试剂瓶中，精密称定，确定并记录每一种加入试剂的质量，摇匀，密闭。

2. 操作条件

最高温度：柱箱、进样器、检测器为 300℃。

确定检测器，键入 FID 检测器。

柱箱初始温度 40℃，恒温时间 1min。

升温速率：10℃ · $min^{-1}$，升至 90℃，保持 1min；以 7℃ · $min^{-1}$ 升至 160℃，保持 1min；然后以 15℃ · $min^{-1}$ 的速率升至 260℃（终止温度），再保持 1min。

进样器工作温度：190℃；检测器温度：200℃。

热导池温度：30℃（热导池不用时，温度设为室温）。

载气（高纯 $N_2$）流速：25～35mL・$min^{-1}$；氢气流速：40mL・$min^{-1}$；空气流速：400mL・$min^{-1}$。

纸速：240mm・$h^{-1}$。

3. 检查气路、通载气、启动仪器、设定以上温度参数

在初始温度下，按氢火焰离子化检测器的操作方法，点燃 FID，调节气体流量。待基线走直后进样并启动升温程序，记录每一组分的保留温度。升温程序结束，待柱温降至初始温度方可进行下一轮操作。作为对照，在其他条件不变的情况下，恒定柱温 175℃，得到醇系物在恒定柱温条件下的色谱图。

4. 关机

首先关闭氢气发生器开关，然后关闭空气发生器开关，再退出软件系统，关闭信号采集器，最后关闭氮气总阀。

**五、注意事项**

1. 操作前需认真读懂仪器使用说明，并在老师指导下方可操作仪器；操作过程中防损坏检测器，一定要先通载气再加热。

2. 直接进样品，要将注射器洗净后，将针筒抽干避免外来杂质的干扰；多个样品进样时，取不同样品前要用溶剂反复洗针，再用要分析的样品至少洗 2～5 次以避免样品间的相互干扰。

3. 为了防止损坏进样品，在使用微量进样器取样时，要注意不能将进样品的针芯完全拔出；进样器所取样品要避免带有气泡以保证进样重现性。

4. 进样口温度应高于柱温的最高值，同时化合物在此温度下不分解；检测器温度不能低于进样口温度，否则会污染检测器。

5. 含酸、碱、盐、水、金属离子的化合物不能分析，要经过处理方可进行。

**六、数据处理**

| 组分 | 沸点 $T_b$/℃ | 保留温度 $T_R$/℃ | 组分 | 沸点 $T_b$/℃ | 保留温度 $T_R$/℃ |
|---|---|---|---|---|---|
| 甲醇 | | | 异戊醇 | | |
| 乙醇 | | | 正己醇 | | |
| 正丙醇 | | | 环己醇 | | |
| 正丁醇 | | | 正辛醇 | | |
| 异丁醇 | | | 正十二烷醇 | | |

1. 与恒温色谱法比较，程序升温气相色谱法具有哪些优点？

2. 何谓保留温度？它在程序升温气相色谱法中有何意义？

## 实训项目三　内标法测量无水乙醇中的微量水

**一、实训目的**

1. 巩固气相色谱仪的使用方法。

2. 学会气相色谱法测定乙醇中微量水分含量的方法。

3. 掌握内标法测定的原理及计算方法。

## 二、实训原理

内标法是一种准确而应用广泛的定量分析方法，操作条件和进样量不必严格控制，限制条件较少。当样品中的所有组分不能全部流出色谱柱，某些组分在检测器上无信号或只需测定样品中的某几个组分时，可采用内标法。

内标法的具体做法是：准确称取样品，加入一定量某种纯物质作为内标物，然后进行色谱分析。根据内标物的质量 $m_s$ 与样品的质量 $m$ 及相应的峰面积 $A$ 求出待测组分的含量。

待测组分质量 $m_i$ 与内标物质量 $m_s$ 之比等于相应的峰面积之比。

$$\frac{m_i}{m_s}=\frac{A_i f_i}{A_s f_s}$$

$$m_i=\frac{A_i f_i}{A_s f_s}m_s$$

$$W_i=\frac{m_i}{m}=\frac{A_i f_i m_s}{A_s f_s m}$$

式中，$f_i$、$f_s$ 分别为 $i$ 组分和内标物的相对质量校正因子；$A_i$、$A_s$ 分别为 $i$ 组分和内标物的峰面积。

在实际工作中，一般以内标物作为基准，即 $f_s=1.0$。选用内标物时需满足下列条件：①内标物必须是待测试样中不存在的物质；②内标物应与试样中待测组分的色谱峰分开，并尽量靠近；③内标物的量应接近待测物的含量；④内标物与样品互溶。

本实验样品中微量水的含量可用内标法定量，以无水甲醇为内标物符合以上条件。

## 三、仪器与试剂

1. 仪器

GC112A 气相色谱仪，氢火焰检测器，色谱柱，微量注射器，容量瓶，吸量管。

2. 试剂

无水乙醇（分析纯或化学纯，样品），无水甲醇（分析纯，内标物）。

## 四、操作步骤

1. 溶液配制

准确量取 100mL 待测的无水乙醇，精密称定其质量。另准确加入无水甲醇（内标物）约 0.25g（用减重法精密称定），混匀待用。

2. 色谱操作条件

色谱柱：401 有机载体或 GDX-203 固定相，柱长 2m。柱温：100～120℃；气化室温度：150℃；检测室温度：140℃。载气：氢气；流速：40～50mL・$min^{-1}$。检测器：热导池。桥电流：150mA。进样量：6～10μL。

3. 样品溶液的测定

待基线平稳后，用微量注射器吸取上述样品溶液 6～10μL 进样，记录色谱图，准确测量水和甲醇的峰高及半峰宽，计算无水乙醇中的含水量。

### 五、注意事项

1. 不能颠倒各种试剂的加入顺序。
2. 每改变一次波长必须重新调零。

### 六、数据处理

1. 数据记录

| 组　分 | $t_R$/min | $H$/cm | $A/cm^2$ | $W_{1/2}$/cm | $f$/h | $f$/A |
|---|---|---|---|---|---|---|
| 水 | | | | | 0.224 | 0.55 |
| 甲醇 | | | | | 0.340 | 0.58 |

2. 计算公式

$$\frac{m_i}{m_s}=\frac{A_i f_i}{A_s f_s}$$

$$m_i=\frac{A_i f_i}{A_s f_s}m_s$$

$$W_i=\frac{m_i}{m}=\frac{A_i f_i m_s}{A_s f_s m}$$

式中，$f_i$、$f_s$ 分别为 $i$ 组分和内标物的相对质量校正因子；$A_i$、$A_s$ 分别为 $i$ 组分和内标物的峰面积。

### 思考题

1. 与恒温色谱法比较，程序升温气相色谱法具有哪些优点？
2. 选用内标物时需满足哪些条件？

## 实训项目四　外标法测定气体中的氢含量

### 一、实训目的

1. 进一步巩固 GC112A 型气相色谱仪的使用方法。
2. 学会气相色谱法测定气体中的氢含量。
3. 掌握外标法测定气体中氢含量的原理及计算方法。

## 二、实训原理

外标法是色谱分析中的一种定量方法，它不是把标准物质加入到被测样品中，而是在与被测样品相同的色谱条件下单独测定，把得到的色谱峰面积与被测组分的色谱峰面积进行比较求得被测组分的含量。外标物与被测组分同为一种物质，但要求它有一定的纯度，分析时外标物的浓度应与被测物浓度相接近，以利于定量分析的准确性。

外标法在操作和计算上可用校正曲线法。

校正曲线法是用已知不同含量的标样系列等量进样分析，然后做出响应信号与含量之间的关系曲线，也就是校正曲线。定量分析样品时，在测校正曲线相同条件下进同等样量的等测样品，从色谱图上测出峰高或峰面积，再从校正曲线查出样品的含量。

## 三、仪器与试剂

1. 仪器

GC112A 型气相色谱仪，热导检测器，气体进样阀（六通阀）。

色谱柱：长 1m、内径 4mm 的不锈钢管，内填 601 碳分子筛（60～80 目）。

记录仪：量程 0～10mV。

定量管：体积为 0.5mL。

取气瓶或球胆（使用球胆时应注意取样后立即分析）。

2. 试剂

已知含不同浓度 $H_2$ 的钢瓶标准气样。

## 四、操作步骤

1. 色谱条件

载气：$H_2$，柱前压 0.15MPa，流量 30mL · $min^{-1}$（用皂膜流量计测量，记录室温及大气压）。

柱箱温度：130℃。

气化室湿度：自选。

检测室温度：自选。

热导桥流：80mA。

衰减：自选。

记录仪纸速：自选。

2. 标准样分析

（1）按上述色谱条件，待基线稳定后用六通阀定量管重复进标准样三次（注意：一次出完峰后再进下一次）。

（2）以 mm 为单位测量所得的谱图中 $H_2$ 的峰高及峰面积，计算出相对平均误差。

（3）如果计算后相对平均误差超过 3%，则应重做实验。

3. 试样分析

用与上述分析标准样时相同的操作条件及同一定量管，按上述 2 中（1）～（3）的要求分析试样，求得试样中 $H_2$ 的平均峰高及峰面积。

## 五、注意事项

准确使用定量管。

## 六、数据处理

1. 做定量校正曲线。用已知标准样的 $H_2$ 浓度（%）为横坐标，标准样分析所得 $H_2$ 的平均峰高为纵坐标，绘制校正曲线。

2. 将试样分析所得 $H_2$ 的平均峰高，通过自制校正曲线查出试样中的 $H_2$ 含量。

3. 将用皂膜流量计所测载气流速换算为柱温下载气在柱中的平均流速。

（1）因为皂膜流量计中气体通过皂液时水蒸气的影响，在计算气体流速时应首先把它扣除，即用下式计算出柱出口的载气流速：

$$U_{CO}=U_{皂}\frac{P_a-P_w}{P_a}$$

式中，$U_{皂}$ 为用皂膜流量计测得的载气流速；$P_a$ 为当时的大气压；$P_w$ 为测量时水的饱和蒸气压；$U_{CO}$为室温和常压下柱出口的载气流速，$mL \cdot min^{-1}$。

（2）由于色谱柱中不同位置的压力是不同的，所以在不同色谱柱位置，气体流速也是变化的，为讨论方便起见，一般用平均流速 $U_{cr}$ 表示。平均流速与柱出口流速的关系为：

$$U_{cr}=jU_{CO}$$

式中，$U_{cr}$为室温时载气在柱中的平均流速；$j$ 为压力校正因子，可由柱进出口压力算出，其公式为：

$$j=\frac{3}{2}\times\left[\frac{(P_i/P_a)^2-1}{(P_i/P_a)^3-1}\right]$$

（3）最后再按下式校正得到柱温下载气在柱中的平均流速 $U_{cc}$：

$$U_{cc}=U_{cr}\frac{T_c}{T_r}$$

式中，$T_c$ 为柱温，K；$T_r$ 为室温，K。

4. 测量上述谱图中 $H_2$ 峰的保留时间和保留体积。

## 思考题

1. 给定热导桥路电流时应注意哪些问题？电流大小有无限制？为什么？

2. 六通阀定量管在取样与进样时载气流程是怎样安排的？为什么？

3. 为什么要用定量管进样？

### 附：高压钢瓶的使用

气相色谱中常用的气体有氢气、氮气、氦气和空气。这些气体除空气由空压机供给外，一般都由高压钢瓶供给。钢瓶气按纯度可分为普纯级99.95%以上和高纯级99.99%以上。一般分析中，普纯级气体就可以符合要求。气体钢瓶可由瓶身颜色分辨，氢气钢瓶为绿色，氮气钢瓶为黑色，氧气钢瓶为蓝色。钢瓶上应标有纯度等级。

任何钢瓶气都不得全部用完，这是因为当瓶内气体压力低于使用压力196～245kPa的2.5倍时，就难以获得稳定的气流，因而当瓶压低于490～980kPa时，即应停止使用。

使用高压钢瓶，必须使用减压阀。安装减压阀时，首先要检查瓶嘴螺丝和减压阀螺母是否匹配。安装时应将接口处仔细擦拭干净，再用手拧上螺母。确实入扣后再用扳手旋紧。减压表处有两个弹簧压力表，示值大的表示钢瓶内的压力，示值小的表示减压后的气体输出压力。减压后的气体输出压力可用T形阀杆调节，右旋时增加输出压力，左旋时减小输出压力。

气体钢瓶内压力较高（满刻度为15MPa），使用时要特别注意安全，出气口不要对准人或仪器，也不可靠近热源或受日晒，搬动时也要小心，轻拿轻放，勿在地上踢滚，不要敲打撞击，以免发生爆炸。

# 任务七　高效液相色谱法

## 实训项目一　认识高效液相色谱仪

### 一、实训目的

1. 熟悉高效液相色谱仪的基本构造及各部件的功能。
2. 了解常见高效液相色谱仪的类型及使用方法。

### 二、基本构造

高效液相色谱仪一般由高压输液系统、进样系统、分离系统、检测系统及数据处理系统等五大部分组成，其结构示意图见图2-21。工作时，高压输液泵将贮液器中的流动相以稳定的流速通过进样器进入色谱柱，经分离的组分依次进入检测器，由数据处理系统记录下色谱图。

1. 高压输液系统

高压输液泵是现代高效液相色谱的关键部件，其作用是将流动相以稳定的流速或压力输送到色谱分离系统。泵性能应满足：泵材质抗化学腐蚀，一般使用优质不锈钢；输出压力大，无脉冲；流量恒定，可调，重现性好；泵腔体积小，可快速更换溶剂。常用恒流泵和恒压泵，应用最多的是机械往复泵。

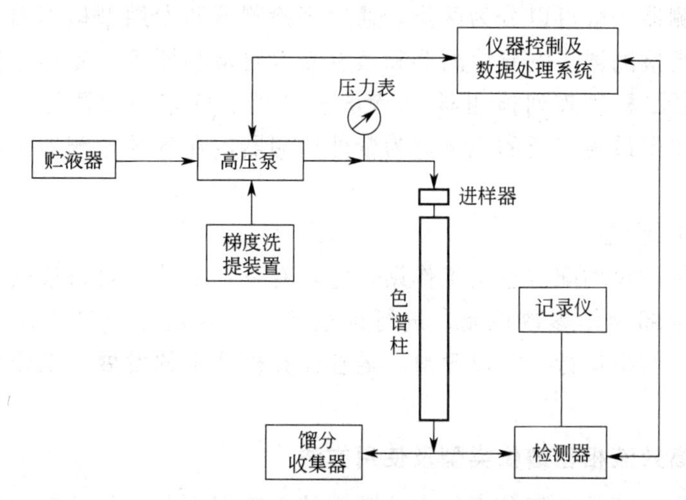


图 2-21　高效液相色谱仪结构示意图

为了提高分离能力，现代液相色谱仪都备有梯度洗脱装置。在分析复杂样品时，流动相不只用一种模式，而是将两种或两种以上不同极性但可以互溶的溶剂，随着运行时间改变而按一定比例混合，以连续改变色谱柱中流动相的极性、离子强度或 pH 值等，从而改变被测组分的保留值，提高分离度。

2. 进样系统

现代高效液相色谱仪常配有六通阀进样装置，或带有自动进样器。

（1）六通阀进样装置　六通阀体为不锈钢，死体积小，密闭性好。在“load”位置，用平头注射器进样入定量管，此时与柱系统隔断。旋转手柄置“inject”位置，与色谱柱连通，样品进入色谱柱。重现性好，可耐 20MPa 高压。

（2）自动进样器　自动进样器由计算机自动控制定量阀，按预先编制注射样品的操作程序工作，取样、进样、复位、样品管路清洗和样品盘转动全部按预定程序自动进行，一次可连续进几十个或上百个样品。重复性好，适于大量的样品分析，但价格较贵。

3. 分离系统

液相色谱柱一般采用不锈钢材质，耐高压，起分离作用，是液相色谱仪的心脏。柱效高、选择性好、分析速度快是对色谱柱的一般要求。

市售的用于 HPLC 的各种微粒填料有硅胶、硅胶为基质的键合相、氧化铝、有机聚合物微球（包括离子交换树脂）等，其粒度一般为 3～10$\mu$m，其理论塔板数可达 5000～10000 块·$m^{-1}$。检测分析中最常用的色谱柱为 $C_{18}$ 柱，常用长度为 100～300mm，直径一般 4.6mm 或 3.9mm。

4. 检测系统

检测器是用于连续监测被色谱系统分离后的柱流出物组成和含量变化的装置。其作用是将柱流出物中样品组成和含量的变化转化为可供检测的信号，完成定性定量分析任务。

HPLC 检测器一般可以分为两类，通用型检测器和专用型检测器。通用型检测器包括示差折光检测器、电导检测器和蒸发光散射检测器等。专用型检测器包括紫外检测器（包括二极管阵列检测器）、荧光检测器、安培检测器等。目前在高效液相色谱法中应用得最为广泛的检测器为紫外检测器，在各种检测器中，其使用率占70%左右。

5. 数据处理系统

现代液相色谱仪均配有色谱工作站，它具有下列功能：自行诊断、智能化数据和谱图处理、全部操作参数控制、进行计量认证（判定是否符合计量认证标准）、控制多台仪器、网络运行。可以预料，随着计算机技术的发展，工作站的功能将更加丰富和完善。

## 三、常见高效液相色谱仪类型及使用方法

在多种多样的高效液相色谱仪中，常用的有美国惠普公司的安捷伦系列、美国 WATERS 公司的 Waters 系列、日本岛津公司的 LC-10A 系列等等，它们的原理都是一样的，只是具体的操作方法各不相同。下面以美国 WATERS 公司的 Waters 2695 高效液相色谱仪（如图 2-22 所示）为例，说明其使用方法。

图 2-22　Waters 2695 高效液相色谱仪

本仪器由 Waters 2695 分离单元、紫外（示差）检测器、色谱管理工作站和打印机组成。2695 分离单元包括四元梯度洗脱的溶剂输送系统、四通道在线真空脱气机（或氦气脱气机）、可容纳 120 个样品瓶的自动进样系统、柱温箱、内置的柱塞杆密封垫清洗系统、溶剂瓶托盘、液晶显示器、键盘用户界面及软盘驱动器。其操作流程规程如下。

1. 开机

依次接通 2695 分离单元、检测器、计算机和打印机的电源。接通 2695 分离单元后，约 20s 仪器开始自检，约 1min 后，显示主屏幕，此时继续各部件的初始化，

待主屏幕上方标题区出现“Idle”时，仪器进入待命状态。

2. 溶剂管理系统的准备

（1）流动相脱气　确认所有溶剂管路都充满溶剂，按【Menu/Status】进入“Status（1）”屏幕，光标选“Degasser”，按【Enter】显示选项屏幕，光标下移选“Continuous”，按【Enter】。

（2）启动溶剂管理系统

① 干启动　当溶剂的管路是干的或是需要更换溶剂时，在“Status（1）”屏幕下按【Direct Function】，光标选“Dry Prime”，按【Enter】显示“Dry prime”屏幕，按欲启动的溶剂管路的屏幕键，如【Open A】，光标选“Duration”，按数字键输入5min，按【Continue】，待限定时间结束后，重复操作，使实验所需的各溶剂管路均启动、排气并充满流动相。

② 湿启动　在“Status（1）”屏幕下，光标选“Composition”中欲使用的流动相，输入100%，按【Direct Function】，光标选“Wet Prime”，按【Enter】，显示“Wet prime”屏幕，输入7.5mL·min$^{-1}$和6min，按【OK】，待限定时间结束后，对每种流动相重复操作。

③ 平衡真空脱气机　在“Status（1）”屏幕下，光标选“Composition”，输入流动相的组成，按【Enter】，再用光标选“Degasser”中的“Normal”，按【Enter】，按【Direct Function】，光标选“Wet Prime”，输入0.000mL·min$^{-1}$和10min，按【OK】。待限定时间结束后，按【Abort Prime】。

3. 样品管理系统的准备

（1）冲洗自动进样器　在“Status（1）”屏幕下，光标选“Composition”，输入流动相的组成。按【Direct Function】，光标选“Purge Injector”，按【Enter】，显示“Purge Injector”屏幕，输入“Sample Loop Volums 6.0”，光标下移“Compression Check”，按任意数字键，按【OK】。

（2）冲洗进样针　在主屏幕下，按【Diag】，显示“Diagnositcs”屏幕，按【Prime Ndl Wash】，显示“Prime Ndl Wash”屏幕，按【Start】，30s内应见溶剂从废液排放口流出。按【Close】、【Exit】。

（3）冲洗柱塞杆密封垫　在主屏幕下，按【Diag】，显示“Diagnositcs”屏幕，按【Prime seal Wash】，显示“Prime seal Wash”屏幕，按【Start】，待排放口有水流出，按【Halt】、【Close】、【Exit】。

（4）装入样品与转盘　将样品瓶插到样品盘合适的位置，打开样品仓门，显示“Door is Open”屏幕，装入样品盘，按【Next】，直至所有样品盘装毕，关仓门。

4. 编辑分析方法及执行样品分析表

在主屏幕下，按【Develop Methods】，显示“Metheds”屏幕。屏幕中的图标说明如下：

| 图标(Icon) | 含义(Description) |
|---|---|
|  | 分离法(Separation Method) |
|  | 样品设置(Sample Set) |
|  | 样品模板(Sample Template) |

(1) 编辑分析方法

① 建立新的分离方法　在“Methods”屏幕下，按【New】、【Separation Methods】，输入方法名，按【Enter】，显示分离方法屏幕，该屏幕共有6页，通过按【Next】或【Prev】切换。如需设定梯度，在第1页按【Gradient】，输入后按【Exit】；需设定色谱柱的温度，在第4页输入后按【Exit】；在第6页设定检测器的种类，光标选“Absorbance Detector”，按【Enter】，光标选“486\2487”，按Abs(1)图标，设定检测波长，按【OK】、【Exit】、【Save】。

② 编辑已建立的分离方法　在“Methods”屏幕下，光标选欲编辑、修改的分离方法的图标，按【Edit】，编辑、修改各种分析参数，按【Exit】、【Save】。

(2) 编辑执行样品分析表

① 建立新的样品组　在“Methods”屏幕下，按【New】、【Sample Set】，输入样品组名，按【Enter】，显示方法组屏幕，在样品组表中输入待分析样品的信息。在“Vial”中输入样品放置的位置；在“Function”中光标选择“Sandard”或“Sample”。在“Method”中选择已建立的方法；在“inj”中输入进样的次数；在“μL”中输入进样的体积；在“min”中输入运行时间。按【Exit】、【Save】。

② 编辑已建立的样品组　在“Methods”屏幕下，光标选欲编辑、修改的方法组的图标，按【Edit】，编辑、修改待分析样品的信息，按【Exit】、【Save】。

5. 运行样品

(1) 在“Status (1)”屏幕下，光标选“Method”，按【Enter】，选已建立的分离方法；光标选“Flow”，输入流速，光标选“Composition”，输入流动相的组成。

(2) 在主屏幕下，按【Run Sample】，光标选已建立的样品组，按【Run】、【Start】。

6. 报告打印

在主屏幕下，按【config】，显示“Configuration”屏幕，按【Report】，在“Report options”对话框中选择欲输出到打印机或软盘的信息，按【OK】、【Exit】。

7. 关机

(1) 使用完毕，按规定用适当的溶剂冲洗色谱柱、系统管路、自动进样器、进样针和柱塞杆密封垫，确保2695分离单元已彻底冲洗干净后，关闭电源开关。

(2) 数据采集完毕后，关闭紫外（示差）检测器电源开关。

(3) 处理数据并打印报告后，关闭计算机和打印机电源开关，并做使用登记。

# 实训项目二 高效液相色谱柱的性能考察及分离度测试

## 一、实训目的

1. 了解反相液相色谱分离分析的基本原理。
2. 掌握反相液相色谱分离分析的操作技能。
3. 学习高效液相色谱柱效能的测定方法。

## 二、实训原理

反相键合相色谱法采用非极性键合相，如十八烷基硅烷、辛烷基硅烷等，流动相则由水和一定量的与水互溶的极性调节剂组成，如甲醇、乙腈等。这种分离方式适合于同系物、苯并系物等。萘、联苯、菲在十八烷基硅烷键合硅胶柱上的作用力大小不等，它们的分配比不等（$k'$值不同），在柱内的移动速率不同，因而随流动相流出柱子的时间顺序有先后之分。

柱效（理论板数）：$$n=5.54\left(\frac{t_R}{W_{1/2}}\right)^2=16\left(\frac{t_R}{W}\right)^2$$

分离度：$$R=\frac{t_{R_2}-t_{R_1}}{\frac{1}{2}(W_1+W_2)}=\frac{2(t_{R_2}-t_{R_1})}{W_1+W_2}$$

## 三、仪器与试剂

1. 仪器

LC-10AD/SPD-10A 高效液相色谱仪（紫外检测器）或其他型号高效液相色谱仪，分析天平（0.01mg），$C_{18}$色谱柱，超声波清洗器，流动相过滤器，容量瓶，刻度吸管，10μL 平头微量进样器。

2. 试剂

萘（A.R.），联苯（A.R.），菲（A.R.），甲醇（色谱纯），重蒸馏水。

## 四、实训条件

1. 色谱柱：长 150mm，内径 4.6mm，装填 5μm 的 $C_{18}$烷基键合固定相。
2. 流动相：甲醇-水（85∶15），流量 1.0mL·min$^{-1}$。
3. 紫外检测器：波长 254nm，灵敏度 0.080。
4. 进样量：3μL。

## 五、操作步骤

1. 按照 LC-10AD/SPD-10A 高效液相色谱仪的使用说明和操作规程将仪器调节至进样状态，至系统稳定、基线平直时，即可进样。

2. 配制含苯、萘、联苯各 $10\mu g \cdot mL^{-1}$ 的正己烷溶液，混匀备用。

3. 吸取 $3\mu L$ 的样品进样，记录色谱图，再重复进样两次。

4. 实验结束时，按操作规程冲洗封柱，关机。

## 六、注意事项

手动进样时，整个过程动作要快。

## 七、数据处理

1. 记录实验条件。

2. 记录色谱图中苯、萘、联苯的保留时间 $t_R$，测量相应色谱峰的半峰宽 $W_{1/2}$，计算各组分的理论塔板数 $n$ 及分离度 $R$。已知组分的出峰顺序为苯、萘、联苯。

## 思考题

1. 紫外检测器是否适用于检测所有的有机化合物？

2. 为什么高效液相色谱柱要采用 5～10$\mu m$ 粒度的固定相？

# 实训项目三　归一化法分析萘、联苯、菲混合物的组成

## 一、实训目的

1. 了解反相高效液相色谱分离分析的基本原理。

2. 掌握高效液相色谱仪基本操作技能。

3. 学习掌握归一化定量方法。

## 二、实训原理

根据组分峰面积大小测定的定量校正因子，可由归一化定量方法求出各组分的含量，归一化定量公式为：

$$P_i(\%)=\frac{A_i f'_i}{A_1 f'_1+A_2 f'_2+\cdots+A_n f'_n}\times 100$$

式中，$A_i$ 为组分的峰面积；$f'_i$ 为组分的相对定量校正因子。

## 三、仪器与试剂

1. 仪器

高效液相色谱仪（紫外检测器），分析天平（0.01mg），$C_{18}$ 色谱柱，超声波清洗器，流动相过滤器，容量瓶，刻度吸管，$100\mu L$ 平头微量进样器。

2. 试剂

萘（A.R.），联苯（A.R.），菲（A.R.），甲醇（色谱纯），重蒸馏水。

### 四、实训条件

1. 色谱柱：$C_{18}$柱（150mm×4.6mm，5μm）。

2. 流动相：甲醇-水（83：17），流量 1.0mL·$min^{-1}$。

3. 紫外检测器：波长 254nm。

4. 进样量：3μL。

### 五、操作步骤

1. 按照操作规程，调节高效液相色谱仪进入待进样状态。

2. 精密称取萘 0.08g、联苯 0.02g、菲 0.01g，至 50mL 容量瓶中，用甲醇溶解并稀释至刻度，制成混合对照品溶液。另取萘、联苯、菲标准品中的任意 2 种，用甲醇溶解制成单个对照品溶液。

3. 当高效液相色谱仪系统稳定、基线平直时，注入混合对照品溶液 3.0μL。

4. 分别注入上述单个对照品溶液。

5. 注入样品 3.0μL，重复两次。

6. 实验结束后，冲洗封柱，按要求关好仪器。

### 六、注意事项

室温较低时，可用红外灯加热，加速萘的溶解。

### 七、数据处理

1. 确定未知样中各组分的出峰次序。

2. 记录各组分的保留时间。

3. 求各组分的相对定量校正因子。

4. 求样品中各组分的含量。

### 思考题

1. 分析分离所得的色谱图，解释不同组分之间分离差别的原因。

2. 简述紫外检测器的工作原理。

## 实训项目四　外标一点法测定 APC 片剂的含量

### 一、实训目的

1. 利用 HPLC 法测定 APC 片中阿司匹林的含量。

2. 掌握外标定量分析法。

3. 熟悉高效液相色谱仪的使用技术。

4. 了解高效液相色谱法在药物分析中的应用。

## 二、实训原理

阿司匹林片为常用的解热、镇痛药，收载于《中国药典》（2015年版）二部，其含量测定方法为酸碱中和滴定法。本实验采用高效液相色谱法测定其含量，可消除其他含有酸、碱的物质对测定的干扰，可更有效地控制制剂的质量。采用甲醇-水-冰醋酸（40∶59∶1）为流动相，在ODS柱上将阿司匹林片中各成分进行分离，将波长置于280nm处进行测定。在相同的条件下，分别记录APC样品试液和阿司匹林标准液的色谱图，读取各组分的峰面积，用外标一点法求算APC片剂中各组分含量。方法操作简便，专一性强，结果准确。

## 三、试剂

阿司匹林对照品，甲醇（色谱纯），冰醋酸，盐酸（分析纯），重蒸水。

## 四、操作步骤

1. 选择色谱条件

色谱柱：ODS-$C_{18}$色谱柱（150mm×4.6mm，5μm）。

流动相：甲醇-水-冰醋酸（40∶59∶1）；流速：1.0mL·$min^{-1}$。

检测波长：280nm；柱温：室温；进样量：20μL。

理论板数按阿司匹林峰计算不低于6000，分离度符合要求。

2. 配制样品溶液和标准溶液

（1）样品溶液的配制　取本品20片，精密称定，研细，精密称取适量（约相当于阿司匹林10mg），置100mL量瓶中，加0.1mol·$L^{-1}$盐酸溶液适量，超声使阿司匹林溶解，放冷至室温，加0.1mol·$L^{-1}$盐酸溶液稀释至刻度，摇匀，滤过，精密量取续滤液5mL，置25mL量瓶中，加0.1mol·$L^{-1}$盐酸溶液稀释至刻度，摇匀，用0.45μm微孔滤膜滤过，取续滤液，备用。

（2）标准溶液的配制　取阿司匹林对照品适量，加0.1mol·$L^{-1}$盐酸溶液溶解并稀释制成每1mL中约含阿司匹林20μg的溶液。

3. 测定

精密吸取上述样品溶液和标准溶液各20μL注入液相色谱仪，记录色谱图。

## 五、注意事项

1. 溶液纯度要符合要求。
2. 流动相要脱气才能使用。
3. 进样量要准确，速度要快。
4. 测定阿司匹林时，溶液制备后应尽快测定，以免阿司匹林水解。

## 六、数据处理

1. 比较所得的色谱图，确定样品色谱图上各峰的归属。

2. 测量样品和标准溶液色谱图中对应峰的面积（或峰高），按外标法计算公式可求出样品液中各组分的含量 $m_i$（mg·$mL^{-1}$），并求出每片APC中该成分的含量

（mg/片）。

$$m_i = m_s \frac{A_i}{A_s}$$

式中，$m_i$ 为样品液中组分 $i$ 的质量浓度；$m_s$ 为标准液中组分 $i$ 的浓度；$A_i$ 为样品液中组分 $i$ 的峰面积；$A_s$ 为标准液中组分 $i$ 的峰面积。

3. 将测定值与标称值比较，计算其相对误差，并分析原因。

## 思考题

1. 阿司匹林片剂的分析还可以采取什么方法？写出两种。

2. 标准和样品的进样量是否应严格保持一致？为什么？

3. 高效液相色谱法定量方法有哪些？各有何优缺点？

4. 为什么 HPLC 中流动相的组成和 pH 对组分的滞留和分离影响很大？若要考察这种影响，应如何安排实验条件？

### 附：微量注射器的使用及进样操作

目前高效液相色谱手动进样器几乎都是使用耐高压、重复性好和操作方便的六通阀进样器。在操作时将阀位置置于取样位置（load），用平头微量注射器注入样品溶液，然后将进样器阀顺时针转动 60℃至进样位置（inject）时，样品被流动相带到色谱柱中进行分离分析。在手动进样操作时，为使测定结果达到较好的重复性，平头微量注射器的正确使用是非常关键的。

#### 一、结构

如图 2-23 所示。

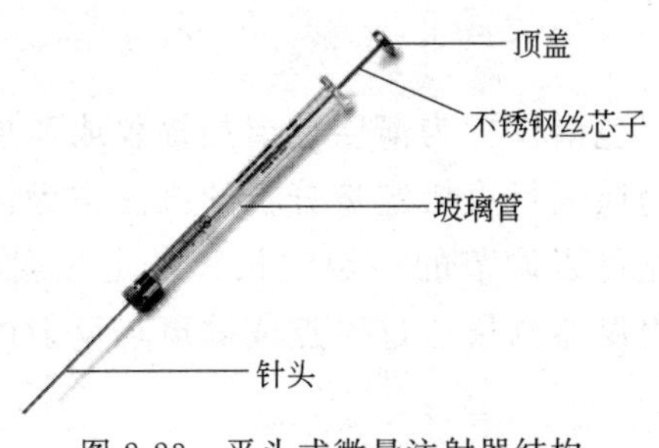


图 2-23　平头式微量注射器结构

#### 二、进样操作

用注射器取液体试样，先用少量试液洗涤几次，然后将针头插入试样反复抽排几次，再慢慢抽入试样，并稍多于需要量。如有气泡，则将针头朝上，使气泡上升排出，再将过量的试样排出，用滤纸或擦镜纸吸去针头外所沾试样。注意切勿吸去针头内的试样。取好样后应立即进样，进样时，注射器应与进样品垂直，一手捏住针头协助迅速刺入进样品口，另一手平稳地推进针筒，用力要平稳，针头完全进入进样品后，轻巧迅速地将样品注入，完成后立即将进样器阀顺时针转动60°至进样位置，并取出注射器。

**三、使用注意**

1. 微量注射器是易碎器械，应小心使用，不用时要洗净放入盒内，不能来回空抽，特别是在将干的情况下不能来回空抽，否则会造成磨损，损坏其气密性，降低准确度。

2. 注射器在使用前后要用乙醇、丙酮等溶剂清洗，不能用强碱性的溶液清洗，以免玻璃受腐蚀失重和不锈钢零件受腐蚀而漏水漏气。

3. 进样器在使用前应浸在溶液中来回拉几次，将针尖内的气泡排出，否则将会影响分析正确性和容量。使用后应立即清洁处理，防止针尖堵塞或卡死。

4. 如发现进样器内有不锈钢氧化物（发黑等现象）影响正常使用时，在不锈钢芯子上沾少量肥皂塞入进样器内来回拉几次就可去掉，再清洗即可。

5. 进样器针尖不宜用火烧，以免针尖退火而失去穿戳能力，若遇针尖堵塞，宜用0.1mm不锈钢丝串通。

# 任务八　薄层色谱法

## 实训项目一　认识薄层色谱扫描仪

**一、实训目的**

1. 了解薄层色谱扫描仪的结构与使用方法。

2. 了解薄层扫描法的原理。

**二、仪器原理**

用于定量分析的薄层色谱仪称为薄层色谱扫描仪或薄层色谱光密度计，用此种仪器对薄层上被分离的物质进行直接定量分析的方法称为薄层色谱扫描法。其分析的基本原理是用一束长宽可以调节的一定波长、一定强度的光照射到薄层斑点上，对整个斑点进行扫描，用仪器测量通过斑点或被斑点反射的光束强度的变化，达到定量分析的目的。

**三、常见薄层扫描仪及使用方法**

岛津CS-930型薄层色谱扫描仪具有双波长、锯齿扫描、校正曲线线性化和背景校正等多种功能，且自动化程度较高，故得到了广泛应用。下面简单介绍其结构及使用方法。

1. 基本结构

岛津CS-930型薄层色谱扫描仪包括主机及DR-2数据处理机两部分，其外形见

图2-24、图 2-25。

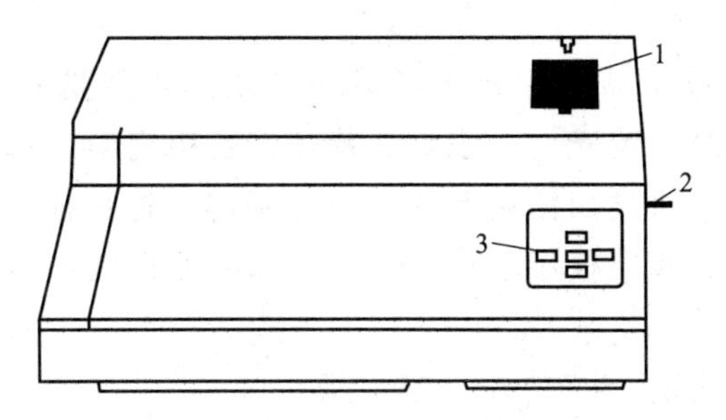


图 2-24　CS-930 型主机外形图

1—光源室；2—光源转换杆；3—扫描台手动键

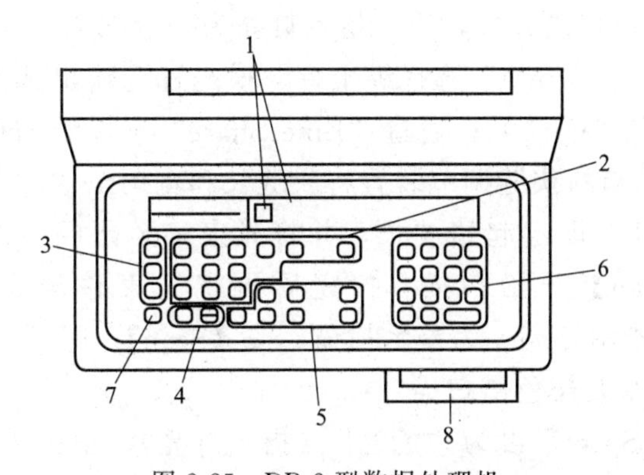


图 2-25　DR-2 型数据处理机

1—显示器；2—参数设定键；3—参数储存键；4—定量计算键；5—一次性操作键；6—数字键；7—外部控制键；8—程序盒

打开主机盖，有放置薄层板的、可以调节宽度的样品台架及狭缝装置。检测光电倍增管等安装在主机内部。显示器 1 包括色谱（CHROM）和光谱（SPEC）测定选择键、波长-$Y$ 坐标显示器和信号-$X$ 坐标显示器。参数设定键 2 包括扫描方式选择键（SCAN MODE）、程序扫描参数设定键（PROG PARAM）、扫描幅宽设定键（SCAN WIDTH）、记录格式设定键（OUTPUT FORMAT）、单/双波长选择键（DUAL/SINGLE）、代码键（CODE）、打印曲线选择键（LINE SHAPE）、信号源选择键（R. TIME/FILE）、光度测定方式选择键（PHOTO MODE）、峰检测参数设定键（PEAK DETECT）、记录仪零点补偿键（OFFSET ON/OFF）、信号处理键（SIGNAL PROC）。参数储存键 3 包括参数列表键（PARAM LIST）、参数储存键（PARAM STORE）和参数调出键（PARAM CALL）。定量计算键 4 包括定量计算指示键（AREA/CALL）和标准品指定键（ID）。一次性操作键 5 包括零点设定键（ZERO SET）、送纸键（CHART FEED）、波长设定键（λSET）、扫描台 $Y$ 轴坐标设定键（POS Y SET）、扫描台 $X$ 轴坐标设定键（POS X SET）、打印键（PRINT ON/OFF）和扫描开始终止键（SCAN）。数字键 6 包括 0～9 十个数字键、小数点键、负号键、终止键（ BRK）、清除键（CE）和输入键（ ENTER）。7 为外部控制键（EXT ON/OFF）。8 为程序盒。

2. 使用方法

（1）开机　打开稳压器及主机电源开关，根据需要选择光源，紫外区——D2 灯，可见光区——钨灯，荧光——汞灯。待仪器自检完毕，再进行参数的设定。

（2）放置薄层板　通过扫描箱上的方向控制键，将扫描台移向外方，放上薄层板并用固定夹夹好，若薄层板小于 20cm×20cm，可在其下衬一块 20cm×20cm 的空白板，以便固定。

（3）斑点的光谱测定

① 将“Chrom/Spect”设在“光谱”上（指示灯灭）；将“Dual/Single”置“单波长”上（指示灯灭）；通过“Photo Mode”选择光照方式“2”为反射光；通过“Scan Mode”选择扫描方式，第一指示灯亮为一般扫描。

② 通过“Output Format”选择纵坐标、横坐标、输出选择、漂移线选择，一般分别选为“1”“2”“1”“0”；通过“Line Share”选择线的形状，有实线、虚线及点画线；通过扫描箱的狭缝调节装置将狭缝长和宽调至“2”。

③ 通过“λ SET”设定起始波长，并将光束移至薄层板的空白处，用“Zero Set”调零，按【Scan】开始扫描。扫完后再将光束移至斑点中心，将“Scan Mode”设至第三个指示灯亮，为差示扫描。按【Scan】，即可扫出斑点的光谱图。

（4）斑点的单/双波长色谱扫描

① 将“Chrom/Spect”设为“色谱”（指示灯亮）；根据需要将“Dual/Single”设为单波长或双波长。单波长扫描，通过“Scan Mode”设第一个指示灯亮，为一般扫描；若双波长扫描，可能为程序扫描，中间指示灯亮。

② 通过“Prog Param”，设置 7 个参数进行双波长和多行斑点的扫描，参数分别为测定波长、参比波长、$X$ 轴起始位置、$Y$ 轴起始位置、$Y$ 轴终止位置、行间距和行数。若单行可将行间距和行数设为“0”和“1”，通过“Scan Width”设定扫描宽度为“10～15”，截距为“3”。

③ 通过“Peak Detect”，一般将检测方式、漂移线、信号、灵敏度分别设为“1”“0.03”“1”“2”，最小面积及最小宽度根据需要设定。若为多行斑点扫描，将漂移线设为“0”或“1”。荧光扫描时信号应用“2”。

④ 通过“Signal Proc”将线性化器、累计次数、背景校正、信号校正分别设为“3”“1”“1”“2”。其他参数可参照光谱扫描设定。

⑤ 先使光束照到斑点附近空白处，按“Zero Set”，再将光束移至扫描起始点，按【Scan】，扫描开始。注意此时应关好扫描箱盖，若不需打印参数，在扫描之前先关上【Print】（指示灯灭），开始扫描时再打开。

（5）外标二点法定量测定　通过 ID 键，重新设定标准品的第一浓度和第二浓度，以下操作同（4）。

（6）结束操作　扫描完毕，取出扫描台上的薄层板，关上主机电源，登记使用情况。

1. 薄层扫描法中，如何采用外标二点法进行定量测定？

2. 薄层色谱主要包括哪些操作步骤？

## 实训项目二 薄层色谱操作练习

### 一、实训目的

1. 学习薄层板的铺制方法。

2. 学习薄层色谱法的基本操作。

### 二、实训原理

硅胶是一种微呈酸性的极性吸附剂，当混合物各个组分的极性大小不一样时，在硅胶上的吸附能力就有强弱，其在吸附剂和展开剂之间发生连续不断的吸附和解吸，从而产生差速迁移得到分离。极性越大的组分在硅胶上吸附能力越强，随展开剂移动的速度越慢，$R_f$ 值越低。

### 三、仪器与试剂

1. 仪器

薄层色谱缸，毛细点样管，喷雾显色瓶。

2. 试剂

薄层色谱用硅胶 $GF_{254}$（A. R.），羧甲基纤维素钠（A. R.），样品溶液和展开剂可根据实训条件自行选择。

### 四、操作步骤

1. 制板

在一平面支持物（通常为玻璃）上，均匀地涂制硅胶、氧化铝或其他吸附剂薄层，样品的分离、检测就在此薄层色谱板上进行。

（1）选板　一般选用适当规格的表面光滑平整的玻璃板。常用的薄层板规格有 10cm×20cm、5cm×20cm、20cm×20cm 等。

（2）制板　称取适量硅胶 $GF_{254}$，加入 0.2%～0.5%羧甲基纤维素钠溶液（CMC-Na），充分搅拌均匀，进行制板。一般来说 10cm×20cm 的玻璃板，3～5g 硅胶/块；硅胶与羧甲基纤维素钠的比例一般为（1∶2）～（1∶4）。

（3）晾干　制好的玻璃板放于水平台上，注意防尘，在空气中自然干燥。

（4）活化　晾干后的薄层板置 110℃烘箱中烘 0.5～1h，取出，放凉，并将其放于紫外光灯（254nm）下检视，薄层板应无花斑、水印，方可备用。

2. 点样

用微量进样器进行点样。点样前，先用铅笔在薄层板上距末端 1cm 处轻轻画一横线，然后用毛细管吸取样液在横线上轻轻点样，如果要重新点样，一定要等前一次点样残余的溶剂挥发后再点样，以免点样斑点过大。一般斑点直径大于 2mm，不宜超过 5mm。底线距基线 1～2.5cm，点间距离为 1cm 左右，样点与玻璃边缘距离至少 1cm，为防止边缘效应，可将薄层板两边刮去 1～2cm，再进行点样。

3. 展开

将点了样的薄层板放在盛有展开剂的展开槽中，由于毛细管作用，展开溶剂在薄层板上缓慢前进，前进至一定距离后，取出薄层板，样品组分因移动速度不同而彼此分离。

4. 斑点的检出

展开后的薄层板经过干燥后，常用紫外光灯照射或用显色剂显色检出斑点。对于无色组分，在用显色剂时，显色剂喷洒要均匀，量要适度。紫外光灯的功率越大，暗室越暗，检出效果就越好。

**五、注意事项**

1. 展开室应预饱和。为达到饱和效果，可在室中加入足够量的展开剂；或者在壁上贴两条与室一样高、宽的滤纸条，一端浸入展开剂中，密封室顶的盖。

2. 展开剂一般为两种以上互溶的有机溶剂，并且以临用时新配为宜。

3. 薄层板点样后，应待溶剂挥发完，再放入展开室中展开。

4. 展开应密闭，展距一般为 8～15cm。薄层板放入展开室时，展开剂不能没过样点。一般情况下，展开剂浸入薄层下端的高度不宜超过 0.5cm。

5. 展开剂每次展开后都需要更换，不能重复使用。

6. 展开后的薄层板用适当的方法使溶剂挥发完全，然后进行检视。

7. $R_f$ 值一般控制在 0.3～0.8，当 $R_f$ 值很大或很小时，应适当改变流动相的比例。

**六、数据处理**

找出各斑点中心点，化合物在薄层板上的位置用比移值（$R_f$ 值）来表示。化合物斑点中心至原点的距离与溶剂前沿至原点的距离的比值就是该化合物的 $R_f$ 值。

## 思考题

1. 物质发生荧光的必要条件是什么？

2. 薄层色谱分离的原理是什么？

# 实训项目三　薄层色谱法检查盐酸氯丙嗪中的有关物质

## 一、实训目的

1. 学会薄层板的铺制方法。

2. 掌握用薄层色谱法检查药品杂质限量的原理和方法。

## 二、实训原理

药物与有关杂质在薄层板上被一定吸附剂吸附和一定洗脱剂解吸附的性质不同，在一定色谱条件下将供试品溶液与一定量的对照溶液（杂质对照品溶液或供试品溶液的稀释液）同时展开，可将供试品中杂质分离，经显色后，与对照溶液的主斑点比较，以控制其限量。

供试品自身对照法是将供试品溶液按限量要求稀释至一定浓度作为对照溶液，与供试品溶液分别点加于同一薄层板上，经展开、定位和检查，供试品溶液所显示杂质斑点不得深于对照溶液所显示斑点颜色（或荧光强度）。

盐酸氯丙嗪在制造过程中会引入其他的烷基化吩噻嗪杂质，盐酸氯丙嗪注射液见光氧化后会产生盐酸氯丙嗪亚砜等杂质，故需要检查其杂质限量。《中国药典》2015 年版二部盐酸氯丙嗪项下采用薄层色谱法中供试品自身对照法对其杂质进行检查。检查方法：取本品，加甲醇制成每 1mL 中含 10mg 的溶液，作为供试品溶液；精密量取适量，加甲醇稀释成每 1mL 中含 0.1mg 的溶液，作为对照溶液。照薄层色谱法（《中国药典》2015 年版四部通则 0502）试验，吸取上述两种溶液各 10μL，分别点于同一硅胶 $GF_{254}$ 薄层板上，以环己烷-丙酮-二乙胺（80∶10∶20）为展开剂，展开后，晾干，置紫外光灯（254nm）下检视。供试品溶液如显杂质斑点，与对照溶液的主斑点比较，不得更深。

## 三、仪器与试剂

1. 仪器

色谱缸（适合薄层板大小的玻璃缸，并带有磨砂玻璃盖），玻璃板（15cm×5cm），紫外分析仪，定量毛细管或者微量注射器，研钵，牛角匙，天平，量筒。

2. 试剂

薄层色谱用硅胶 $GF_{254}$（A.R.），环己烷（A.R.），丙酮（A.R.），二乙胺（A.R.），甲醇（A.R.），盐酸氯丙嗪（原料药），0.5%（$g \cdot mL^{-1}$）羧甲基纤维素钠（CMC-Na）溶液。

## 四、操作方法

1. 薄层板的制备

（1）称取羧甲基纤维素钠 0.5g，置于 100mL 水中，加热使其溶解，混匀，放置一周以上待澄清备用。

（2）取硅胶 $GF_{254}$ 7g，置研钵中，分次加入 3 倍量上述羧甲基纤维素钠清液（21mL），向同一方向研磨混合，去除表面气泡后，倒在 3 块玻璃板上均匀铺板（厚度 0.2～0.3mm），铺好后将其平放晾干。

（3）将晾干后的薄层板在 110℃活化 1h，贮于干燥器中备用。

2. 溶液的配制

（1）供试品溶液的配制　取本品适量至容量瓶中，加甲醇制成每 1mL 中含 10mg 的溶液，作为供试品溶液。

（2）对照溶液的配制　精密量取适量供试品溶液至另外一个容量瓶中，加甲醇稀释成每 1mL 中含 0.1mg 的溶液，作为对照溶液。

3. 点样和展开

（1）点样基线距薄板底边 1.5cm 处，用点样毛细管分别点供试品溶液及对照溶液各 10μL 于薄层板上，点间距大于 2cm，斑点直径不超过 3mm。

（2）待溶剂挥干以后，将薄层板置于盛有 10mL 展开剂的色谱缸中饱和 10～15min，再将点有样品的一端浸入展开剂约 0.5～1.0cm，展开。

（3）待展开剂移行约 12cm 处，取出薄层板，立即用铅笔画出溶剂前沿，待展开剂挥散后，在紫外分析仪中观察。

4. 标出各斑点的位置、外形，记录，判断结果。

供试品溶液如显杂质斑点，与对照溶液的主斑点比较，不得更深即符合规定。

## 五、注意事项

1. 所用玻璃板应洗净不挂水珠，光滑平整。

2. 在乳体中混合硅胶 $GF_{254}$ 和羧甲基纤维素钠黏合剂时，注意须充分研磨均匀，并顺同一方向研磨，去除表面气泡后铺板。

3. 铺板要均匀，厚度适宜，并于室温下晾干后在 110℃活化 30min，置于有干燥剂的干燥箱或干燥器中备用。

4. 薄层板使用前检查其均匀度（可通过透射光和反射光检视），并在紫外分析仪中观察薄层板荧光是否被掩盖（即由于研磨不均匀使薄层板上出现部分暗斑），若有掩盖现象，将会影响斑点的观察，则制板失败，此板不可使用。

5. 点样点一般为圆点，不能太大。

6. 点样时注意勿损坏薄板表面。

7. 色谱缸必须密闭，否则溶剂易挥发，从而改变展开剂的比例，影响分离效果。

8. 展开剂不宜过多，否则溶液移行速度快，从而改变展开剂比例，影响分离效果，但也不可过少，以免分析时间过长。一般只需要满足薄层板浸入 0.5～1.0cm 用量即可。

9. 展开时，切勿将点样点浸入展开剂中。

10. 展开剂不可直接倒入水槽，须统一回收处理，使用后的薄层板不可直接在水槽中洗，须在刮掉玻璃板的硅胶后，在指定的容器中洗涤玻璃板。

### 思考题

1. 薄层板主要显色方法有哪些?

2. 薄层色谱操作应注意什么?

3. 色谱缸（槽）和薄层板若不预先用展开剂蒸气饱和，对实验结果有什么影响?

## 实训项目四 薄层色谱法分离复方新诺明片中的SMZ和TMP

### 一、实训目的

1. 了解薄层色谱法在复方制剂分离、鉴定中的应用。

2. 掌握 $R_f$ 值及分离度的计算方法。

### 二、实训原理

复方新诺明为复方制剂，含磺胺甲噁唑（SMZ）和甲氧苄啶（TMP）成分，可在硅胶 $GF_{254}$ 荧光薄层板上，用氯仿-甲醇-二甲基甲酰胺（20∶20∶1）为展开剂，利用硅胶对TMP和SMZ具有不同的吸附能力，展开剂对二者具有不同的解吸附能力而达到混合组分的分离。

### 三、试剂

SMZ、TMP对照品，复方新诺明片，氯仿（A. R.），甲醇（A. R.），二甲基甲酰胺（A. R.），薄层色谱用硅胶 $GF_{254}$（A. R.），羧甲基纤维素钠。

### 四、操作步骤

1. 薄层板的铺制

称取羧甲基纤维素钠0.75g，置于100mL水中，加热使其溶解，混匀，放置一周待澄清备用。取上述CMC-Na上清液30mL（或适量），置乳钵中。取10g硅胶 $GF_{254}$，分次加入乳钵中，待充分研磨混匀后，取糊状的吸附剂适量，放在清洁的玻璃板上。由于糊状物有一定的流动性，可晃动或转动玻璃板，使其均匀地流布于整块玻璃板上而获得均匀的薄层板。将其平放晾干，再在110℃活化1h，贮于干燥器中备用。

2. 溶液的配制

（1）对照品溶液的配制 分别称取磺胺甲噁唑0.2mg、甲氧苄啶0.4mg，各加甲醇 10mL 溶解，作对照液。

（2）供试品溶液的配制　取复方新诺明片，研细，取细粉适量（约相当于磺胺甲噁唑 0.2mg），加甲醇 10mL，振摇，滤过，取滤液作为供试品溶液。

3. 点样、展开

在距离薄层板底边 1.5cm 处，用铅笔轻轻画一起始线。用微量注射器分别点 SMZ、TMP 对照液及供试品溶液各 5μL，斑点直径不超过 2～3mm。待溶剂挥发后，将薄层板置于盛有 10mL 展开剂的色谱缸中饱和 15min，再将点有样品的一端浸入展开剂约 0.3～0.5cm 展开。待展开剂移行约 10cm 处，取出薄板，立即用铅笔画出溶剂前沿，待展开剂挥散后，在紫外光灯（254nm）下观察，标出各斑点的位置、外形，以备计算 $R_f$。

**五、注意事项**

1. 在乳钵中混合硅胶 $GF_{254}$ 和 CMC-Na 黏合剂，注意须充分研磨均匀，并朝同一方向研磨，去除表面气泡后再铺板。

2. 薄层板使用前先检查其均匀度，并在紫外分析仪中观察薄层荧光是否被掩盖（即由于研磨不均匀使板上出现部分暗斑），若有掩盖现象，将影响斑点的观察，则制板失败，此板不可使用。

3. 点样时，微量注射器针头切勿损坏薄层表面。

4. 色谱缸必须密闭，否则溶剂易挥发，从而改变展开剂比例，影响分离效果。

5. 展开剂用量不宜过多，否则溶液移行速度快，分离效果受影响，但也不可过少，以免分析时间过长。一般只需满足薄层板浸入 0.3～0.5cm 的用量即可。

6. 展开时，切勿将样点浸入展开剂中。

7. 展开剂不可直接倒入水槽，须回收统一处理。

**六、数据处理**

找出各斑点中心点，用尺量出各斑点移行距离及溶剂移行距离，分别计算 $R_f$ 值。对样品中两组分进行定性，并求出样品中两组分的分离度 $R$。

**思考题**

1. 薄层板的主要显色方法有哪些？

2. 色谱缸若不预先用展开剂蒸气饱和，对实验有什么影响？

3. 绝对比移值与相对比移值有何不同？

**附：市售薄层预制板的型号及选择**

**一、薄层预制板介绍**

随着科技的进步，高质量商品预制薄层板（常规板与高效板）逐步代替了自制薄层板，使薄层色谱的可重复性得到了很大的提高。主要的生产厂家有德国的Merck公司，国内的生产厂家主要有青岛海洋化工、浙江黄岩、武汉药科新技术开发有限公司等。预制板型号较多，可根据物质定性、定量分析需要进行选择。

## 二、薄层预制板主要型号及选择

1. 高效薄层色谱硅胶预制板

高效薄层色谱硅胶预制板系采用高效硅胶粉做吸附剂，用新型有机黏结剂调制后，均匀地涂铺在玻璃或其他基板上制成的薄层色谱材料。它具有加样量小、速度快、灵敏度高等特点，可广泛用于医药、化工、植化、生化、环保、国防、公安等系统的科研和生产单位对某些物质的定性、定量测定，尤其适用于对某些微量及成分复杂难以分离物质的分离、测定。

HPTLC板的主要型号有：HSG，HSGF254。

H——高效；S——吸附剂材料为硅胶；G——基板材料为玻璃；F254——含荧光指示剂及波长。

2. 普通薄层色谱硅胶预制板

同1，但硅胶粒度较大，可用于一般条件的定性、定量测定。

主要型号有：H，HF254，G，GF254。

H——不含煅石膏；F254——含荧光指示剂及波长；G——煅石膏。

3. 氧化铝薄层色谱预涂板

氧化铝薄层色谱预涂板系采用氧化铝粉作吸附剂，用适当的黏结剂调制后，均匀地涂铺在玻璃基板上制成的薄层色谱材料，可广泛用于各个领域对某些物质的分离、测定。按所用氧化铝pH值不同，可分为酸性氧化铝薄层色谱预涂板、中性氧化铝薄层色谱预涂板和碱性氧化铝薄层色谱预涂板。

主要型号有：AG-(a，n，b)；AGF254-(a，n，b)。

A——氧化铝；G——基板材料为玻璃；F254——含荧光指示剂及波长；a——酸性；n——中性；b——碱性。

4. 硅藻土薄层色谱板

硅藻土薄层色谱板是将硅藻土粉加适当的黏结剂调制后，均匀地涂铺在玻璃基板上制成的薄层色谱材料。本品吸附性很弱，适用于极性物质的分离测定。

主要型号有：GzG，GzGF254。

Gz——硅藻土；G——基板材料为玻璃；F254——含荧光指示剂及波长。

5. 微晶纤维素薄层色谱板

微晶纤维素薄层色谱板是将微晶纤维素粉调制后，均匀地涂铺在玻璃基板上制成的薄层色谱材料。本品无吸附性，属分配色谱材料，适用于亲水性极性物质的分离测定。

主要型号有：CG，CGF254。

C——纤维素；G——基板材料为玻璃；F254——含荧光指示剂及波长。

# 任务九　毛细管电泳

## 实训项目一　毛细管区带电泳法分离离子型化合物

### 一、实训目的

1. 理解毛细管电泳的基本原理。
2. 熟悉毛细管电泳仪的构成和操作。
3. 了解影响毛细管电泳分离的主要操作参数。

### 二、实训原理

离子在自由溶液中的淌度（$\mu$）可表示为：

$$\mu = \frac{q}{6\pi\eta r}$$

式中，$q$ 为粒子的荷电量；$\eta$ 为介质黏度；$r$ 为带电粒子的流体力学半径。因此，离子的电泳淌度与其荷电量呈正比，与其半径及介质黏度呈反比。带相反电荷的离子其电泳淌度的方向也相反。

电渗流（EOF）的大小可用速率和淌度来表示：

$$\nu_{EOF} = (\varepsilon\xi/\eta)E$$

$$\mu_{EOF} = \varepsilon\xi/\eta$$

式中，$\nu_{EOF}$ 为电渗流速率；$E$ 为外加电场强度，$\mu_{EOF}$ 为电渗淌度；$\xi$ 为 Zeta 电势；$\eta$ 和 $\varepsilon$ 分别为溶液的黏度和介电常数。$E$ 越大，pH 越高，表面硅羟基的解离程度越大，电荷密度越大，电渗流速率就越大。EOF 还与毛细管的表面性质（硅羟基的数量、是否有涂层等）和溶液的离子强度有关，双电层理论认为，增加离子强度可以使双电层压缩，从而降低 Zeta 电势，减小 EOF。温度升高可以降低介质黏度，增大 EOF。

CE 的分析参数可以用色谱中类似的参数来描述，比如与色谱保留时间相对应的有迁移时间，定义为一种物质从进样口迁移到检测点所用的时间，迁移速率（$v$）则是迁移距离（$l$，即被分析物质从进样口迁移到检测点所经过的距离，又称毛细管的有效长度）与迁移时间（$t$）之比：

$$v = \frac{l}{t}$$

因为电场强度等于施加电压（$V$）与毛细管长度（$L$）之比：

$$E = \frac{V}{L}$$

根据电泳的基本公式 $v=\mu E$，可得：

$$\mu_a=\frac{l}{tE}=\frac{lL}{tV}$$

$\mu_a$被称为表观淌度，它是电泳淌度（$\mu_e$）与电渗淌度（$\mu_{EOF}$）的矢量和，即：

$$\mu_a=\mu_e+\mu_{EOF}$$

本实验采用一种中性化合物测定电渗淌度，然后就可求得被分析物的有效淌度。

注意：阴离子的有效淌度为负值，因为其与电渗淌度的方向相反。

## 三、仪器与试剂

1. 仪器

塑料样品管若干个，分别用于三种标准样品、未知样品、三种缓冲溶液、NaOH、水和废液，做好标号。

滴瓶一共5个，分别用于加装三种缓冲液、$1mol \cdot L^{-1}$的NaOH和乙醇。

镊子、洗瓶、吸耳球、试管架、塑料样品管架、废液烧杯各一个。

2. 试剂

样品Ⅰ：浓度为$2.00mg \cdot mL^{-1}$的苯甲醇的标准水溶液；苯甲酸、水杨酸、对氨基苯甲酸的标准水溶液，浓度均为$1.00mg \cdot mL^{-1}$。

样品Ⅱ：未知浓度混合样品。

缓冲溶液：以缓冲盐的负离子浓度计，$10mmol \cdot L^{-1}$的pH分别为6.0、7.0、8.0的磷酸缓冲溶液。配制方法为通过$10mmol \cdot L^{-1}$磷酸一氢钠和$10mmol \cdot L^{-1}$磷酸二氢钠溶液互相混合调整pH值，以保证缓冲溶液浓度一致。

NaOH溶液（$1.0mol \cdot L^{-1}$），高纯水或超纯水。

Capel-105RT电泳仪，60cm长的熔融石英毛细管（有效长度51cm），内径50μm或75μm。

5mL移液管2支，1mL移液管2支，分别标上四种标样的标签。

10mL容量瓶4个，滴管2支，分别标上标准、未知的标签。

## 四、操作步骤

1. 仪器的预热和毛细管的冲洗

打开仪器（已经安装和清洗毛细管）及计算机工作站，不加分离电压，设置毛细管温度为25℃。每次使用前对毛细管进行活化（先用NaOH冲洗20min，纯水冲洗5min，pH 6.0缓冲溶液冲洗5min）。

2. 不同缓冲溶液对分离的影响

配制浓度分别为$600\mu g \cdot mL^{-1}$、$200\mu g \cdot mL^{-1}$、$100\mu g \cdot mL^{-1}$、$10.0\mu g \cdot mL^{-1}$的苯甲醇、水杨酸、苯甲酸、对氨基苯甲酸的10mL混合标样水溶液。待毛细管冲洗完毕，取1mL（pH=6.0）混合标样，置于塑料样品管进行分析。操作参数为：进样压力30mbar（$1bar=10^5Pa$），进样时间5s；分析电压25kV。运行已经编写的程序，直到四种成分流出毛细管。

测定完毕后，冲洗毛细管，顺序依次是：$1mol \cdot L^{-1}$ NaOH 溶液 1min，高纯水 2min，然后更换毛细管进出口两端的缓冲溶液（进出口的 10 号位置）为 pH＝8.0 的磷酸缓冲液，并用该缓冲溶液冲洗毛细管 5min；然后按照相同的方法测试混合标样。

按照前面的顺序再次冲洗毛细管，再次更换进出口两端的缓冲溶液为 pH＝7.0 的磷酸缓冲液，并冲洗毛细管 5min；然后按照相同的方法测试混合标样。

3. 出峰顺序的确认

按照下表所示分别配制含不同浓度苯甲醇、水杨酸、苯甲酸、对氨基苯甲酸的混标水溶液。用 pH＝7.0 的磷酸缓冲液冲洗毛细管 3min，然后分别测试混标水溶液，注意每一次进样前，须用 pH＝7.0 的磷酸缓冲液冲洗毛细管 3min。

| 项目 | 苯甲醇 | 水杨酸 | 苯甲酸 | 对氨基苯甲酸 | 定容总量 |
| --- | --- | --- | --- | --- | --- |
| 标样一 | 4mL | 2mL | 1mL | 0.1mL | 10mL |
| 标样二 | 3mL | 3mL | 1mL | 0.1mL | 10mL |
| 标样三 | 3mL | 2mL | 2mL | 0.1mL | 10mL |
| 标样四 | 3mL | 2mL | 1mL | 0.2mL | 10mL |

4. 三份混合标样的配制和测定

冲洗毛细管的同时，可以配制三份混合标样，体积如下，分别用水定容（思考：为什么混合标样中各组分的浓度差别很大?）。然后按照以上相同的方法分别测定，直到四种成分流出毛细管。

| 项目 | 苯甲醇 | 水杨酸 | 苯甲酸 | 对氨基苯甲酸 | 定容总量 |
| --- | --- | --- | --- | --- | --- |
| 标样一 | 1mL | 1mL | 0.5mL | 0.1mL | 10mL |
| 标样二 | 2mL | 1.5mL | 0.75mL | 0.15mL | 10mL |
| 标样三 | 3mL | 2mL | 1mL | 0.2mL | 10mL |

5. 未知浓度混合样品的测定。方法与条件同上，测试未知浓度混合样品。

6. 完成实验后，用高纯水冲洗毛细管 10min，再用空气冲洗 10min。然后关闭仪器。

7. 打印报告，清理实验台。

**五、注意事项**

1. 冲洗毛细管时禁止在毛细管上加电压。

2. 在实验过程中要随时注意所需试剂或试样是不是放在正确位置；如果在分析时将样品或者洗涤液当作缓冲溶液，请停止分析并重新用相应缓冲溶液冲洗毛细管 10min。然后重新开始实验。

3. 冲洗毛细管对于实验结果的可靠性和重现性至关重要，务必认真完成每一次冲洗。

4. 实验完成以后一定要用水冲洗毛细管，最后完成实验者还要用空气吹干毛细管，否则可能导致毛细管堵塞。

5. 塑料样品管的内壁易产生气泡，轻敲管壁排出气泡以后方可放入托管架。

6. 进出口端装有缓冲液的塑料样品管中的液面要求高度一致，避免因虹吸作用带来分析误差。

## 六、数据处理

1. 根据电泳的原理及峰面积的变化，判断两组混合标样中 4 个峰各自的归属（需要查找被分析物的 p$K_a$ 值，并根据标样的峰面积变化推断各峰的归属）。

2. 按照已知浓度混合标样电泳图所得峰面积计算未知浓度混合样品中各个组分的浓度（外标定量法）。

3. 判断并分析哪个组分可以作为电渗流标记物，据此计算各个组分的表观淌度和有效淌度。本次 CE 实验使用的毛细管总长度 50cm，有效长度 40cm。

4. 根据电泳的原理，判断在另外两种缓冲溶液下，各个峰的归属，并对各个组分迁移时间的变化做出分析和讨论。

数据记录表、出峰顺序的确定及定量结果分别见表 2-10～表 2-12。

**表 2-10　数据记录表**

| 仪器型号 | | 毛细管规格 | | 毛细管温度/℃ | | 分析电压/kV | |
|---|---|---|---|---|---|---|---|

**表 2-11　出峰顺序的确定**

| 缓冲液 | 出峰顺序 | 峰高 | 峰面积 | 迁移时间/min | 电渗流标记物 | 电渗淌度/$cm^2 \cdot V^{-1} \cdot s^{-1}$ | 表观淌度/$cm^2 \cdot V^{-1} \cdot s^{-1}$ | 有效淌度/$cm^2 \cdot V^{-1} \cdot s^{-1}$ |
|---|---|---|---|---|---|---|---|---|
| | 1 | | | | | | | |
| | 2 | | | | | | | |
| | 3 | | | | | | | |
| | 4 | | | | | | | |
| | 1 | | | | | | | |
| | 2 | | | | | | | |
| | 3 | | | | | | | |
| | 4 | | | | | | | |
| | 1 | | | | | | | |
| | 2 | | | | | | | |
| | 3 | | | | | | | |
| | 4 | | | | | | | |

续表

| 缓冲液 | 出峰顺序 | 峰高 | 峰面积 | 迁移时间/min | 电渗流标记物 | 电渗淌度 /$cm^2 \cdot V^{-1} \cdot s^{-1}$ | 表观淌度 /$cm^2 \cdot V^{-1} \cdot s^{-1}$ | 有效淌度 /$cm^2 \cdot V^{-1} \cdot s^{-1}$ |
|---|---|---|---|---|---|---|---|---|
| | 1 | | | | | | | |
| | 2 | | | | | | | |
| | 3 | | | | | | | |
| | 4 | | | | | | | |

**表 2-12　定量结果**

| 样品 | 组分名称 | 色谱图中的峰面积 | 迁移时间 | 校正峰面积 | 浓度 /$\mu g \cdot mL^{-1}$ |
|---|---|---|---|---|---|
| 标样一 | | | | | |
| | | | | | |
| | | | | | |
| | | | | | |
| 标样二 | | | | | |
| | | | | | |
| | | | | | |
| | | | | | |
| 标样三 | | | | | |
| | | | | | |
| | | | | | |
| | | | | | |
| 未知样 | | | | | |
| | | | | | |
| | | | | | |
| | | | | | |

## 思考题

1. 从理论上分析，为什么 CE 的分离效率高于 GC 和 HPLC？
2. 在 CZE 中，组分的 p$K_a$值与出峰顺序有何关系？
3. CE 中何种分离模式可以同时分离带电的和中性的化合物？

# 实训项目二　毛细管电泳法在材料分析中的应用

## 一、实训目的

1. 进一步理解毛细管电泳的基本原理。

2. 进一步熟悉毛细管电泳仪的构成。

3. 了解影响毛细管电泳分离的主要操作参数。

## 二、实训原理

1. 电泳淌度

离子在自由溶液中的迁移速率可以表示为：

$$v=\mu E$$

式中，$v$ 是离子迁移速率；$\mu$ 为电泳淌度；$E$ 为电场强度。对于给定的荷电量为 $q$ 的离子，淌度是其特征常数，它由离子所受到的电场力（$F_E$）和通过介质所受到的摩擦力（$F_F$）的平衡所决定。

$$F_E=qE$$

对于球形离子：

$$F_F=-6\pi\eta rv$$

式中，$\eta$ 为介质黏度；$r$ 为离子的流体动力学半径。在电泳过程达到平衡时，上述两种力方向相反，大小相等：

$$qE=-6\pi\eta rv$$

因此，离子的电泳淌度与其荷电量呈正比，与其半径及介质黏度呈反比。带相反电荷的离子其电泳淌度的方向也相反。

2. 电渗流和电渗淌度

电渗流（EOF）是指毛细管内壁表面电荷所引起的管内液体的整体流动，来源于外加电场对管壁溶液双电层的作用。Zeta 电势主要取决于毛细管表面电荷的多寡。一般来说，pH 越高，表面硅羟基的解离程度越大，电荷密度越大，电渗流速率就越大。除了受 pH 影响外，电渗流还与表面性质（硅羟基的数量、是否有涂层等）、溶液离子强度有关，双电层理论认为，增加离子强度可以使双电层压缩，从而降低 Zeta 电势，减小电渗流。此外，温度升高可以降低介质黏度，增大电渗流。电场强度虽然不影响电渗淌度，但却可以改变电渗流速率。显然，电场强度越大，电渗流速率越大。

电渗流的一个重要特性是具有面流型，这是与 HPLC 相比，CE 具有更高分离效率的一个重要原因。电渗流的另一个重要优点是可以使几乎所有被分析物向同一方向运动，而不管其电荷性质如何。这是因为电渗淌度一般比离子的电泳淌度大一个数量级，故当离子的电泳淌度方向与电渗流方向相反时，仍然可以使其沿电渗流方向迁移。这样，就可在一次进样分析中，同时分离阳离子和阴离子。中性分子由于不带电荷，故随电渗流一起运动。如果对毛细管内壁进行修饰可以降低电渗流，而被分析物的淌度则不受影响。在此情况下，阴阳离子有可能向不同的方向迁移。

3. 毛细管电泳的分离模式

CE 有 6 种常用的分离模式（表 2-13）。其中毛细管区带电泳（CZE）、胶束电动毛细管色谱（MEKC）和毛细管电色谱（CEC）最为常用。本实验的内容为 CZE。

表 2-13　6 种 CE 分离模式的分离依据及应用范围

| 分离模式 | 分离依据 | 应用范围 |
| --- | --- | --- |
| 毛细管区带电泳(CZE) | 溶质在自由溶液中的淌度差异 | 可解离的或离子化合物、手性化合物及蛋白质、多肽等 |
| 毛细管胶束电动色谱(MECC) | 溶质在胶束与水相间分配系数的差异 | 中性或强疏水性化合物、核酸、多环芳烃、结构相似的肽段 |
| 毛细管凝胶电泳(CGE) | 溶质分子大小与电荷/质量比差异 | 蛋白质和核酸等生物大分子 |
| 毛细管等电聚焦电泳(CIEF) | 等电点差异 | 蛋白质、多肽 |
| 毛细管等速电泳(CITP) | 溶质在电场梯度下的分布差异(移动界面) | 同 CZE,电泳分离的预浓缩 |
| 毛细管电色谱(CEC) | 电渗流驱动的色谱分离机制 | 同 HPLC |

## 三、仪器与试剂

1. 仪器

5mL 移液管 2 支，1mL 移液管共 2 支，分别标上四种标样的标签，两组公用。每组 10mL 容量瓶 2 个，滴管 2 支，分别标上标准、未知的标签。塑料样品管共 16 个，每组 8 个，分别用于标准样品、未知样品、三种缓冲溶液、NaOH、水和废液，做好标号。滴瓶一共 5 个，分别装三种缓冲液（buffer）、$1mol \cdot L^{-1}$的 NaOH 和乙醇。镊子、洗瓶、吸耳球、试管架、塑料样品管架、废液烧杯每组一个。剪刀一把，记号笔一支，滤纸。

2. 试剂

标样：苯甲醇、苯甲酸、水杨酸、对氨基水杨酸，均溶于二次去离子水中，浓度 $1.00mg \cdot mL^{-1}$，作为标准品，混合稀释作为标样。另有一个预先配制的未知浓度混合样品。

缓冲溶液（buffer）：$10mmol \cdot L^{-1}$ $NaH_2PO_4$-$Na_2HPO_4$ 1∶1 缓冲溶液（$NaH_2PO_4$ 和 $Na_2HPO_4$ 各 $5mmol \cdot L^{-1}$），$20mmol \cdot L^{-1}$ HAc-NaAc pH 为 6（HAc∶NaAc 大约 1∶15）缓冲溶液，$20mmol \cdot L^{-1}$ $Na_2B_4O_7$缓冲溶液。

$1mol \cdot L^{-1}$ NaOH 溶液，二次去离子水。

## 四、实训步骤

1. 仪器的预热和毛细管的冲洗

在实验教师的指导下，打开仪器和配套的工作站。工作温度设置为 30℃，不加电压，冲洗毛细管，顺序依次是：$1mol \cdot L^{-1}$ NaOH 溶液 5min，二次去离子水 5min，$10mmol \cdot L^{-1}$ $NaH_2PO_4$-$Na_2HPO_4$ 1∶1 缓冲溶液 5min，冲洗过程中出口（outlet）对准废液的位置，并不要升高托架。

2. 混合标样的配制

毛细管冲洗的同时，配制混合标样。分别用5mL的移液管移取3mL苯甲醇、3mL苯甲酸，用1mL的移液管移取1mL水杨酸、0.5mL对氨基水杨酸于10mL的容量瓶中，定容，得到苯甲醇、苯甲酸、水杨酸、对氨基水杨酸浓度分别为$300\mu g \cdot mL^{-1}$、$300\mu g \cdot mL^{-1}$、$100\mu g \cdot mL^{-1}$、$50.0\mu g \cdot mL^{-1}$的混合溶液作为混合标样。

3. 混合标样的测定

待毛细管冲洗完毕，取1mL混合标样，置于塑料样品管中，放在电泳仪进口（Inlet）托架上sample的位置，然后调整出口（outlet）对准缓冲溶液（buffer），升高托架并固定，然后开始进样。进样压力30mbar，进样时间5s。进样后将进口（Inlet）托架的位置换回缓冲溶液（buffer）。选择方法参见本实验末尾“附：毛细管电泳仪缓冲液的选择方法”。修改合适的文件说明，然后开始分析，电压25kV，时间约10min。

4. 未知浓度混合样品的测定

方法与条件同上，测试未知浓度混合样品，分析时间约10min。

5. 不同缓冲溶液下迁移时间的变化

未知浓度混合样品测定完毕后，冲洗毛细管，顺序依次是：$1mol \cdot L^{-1}$ NaOH溶液5min，二次去离子水5min，然后更换进出口两端的缓冲溶液为$20mmol \cdot L^{-1}$ $Na_2B_4O_7$，冲洗5min；并在此条件下测试未知浓度混合样品，电压25kV，时间约10min。按照前面的顺序再次冲洗毛细管，再次更换进出口两端的缓冲溶液为$10mmol \cdot L^{-1}$ $NaH_2PO_4$-$Na_2HPO_4$（pH为6），冲洗5min；并在此条件下测试未知浓度混合样品，电压25kV，时间约15min。

6. 完成实验以后，用水冲洗毛细管10min，一天中的第二组（4:00～7:00）的同学用水冲洗以后再用空气吹干10min。

7. 打印报告，清理实验台。

## 五、注意事项

1. 冲洗毛细管时禁止在毛细管上加电压；不允许更改讲义上给定的工作电压，也不建议改变进样时间。

2. 样品和缓冲溶液之间的切换是手动的，在实验过程中要随时注意是不是放在正确位置；如果在分析时将样品或者洗涤液当作缓冲溶液，请停止分析并重新用对应缓冲溶液冲洗管路10min。

3. 冲洗毛细管对于实验结果的可靠性和重现性至关重要，务必认真完成每一次冲洗，不允许缩短冲洗时间或者不冲洗。

4. 做完实验以后一定要用水冲洗毛细管，一天的实验做完以后要用空气吹干，否则可能导致毛细管堵塞，严重影响后面组的同学实验，希望引起足够的重视。

5. 塑料样品管中容易产生气泡，轻敲管壁排出气泡以后方可放入托管架。

## 六、数据处理

1. 根据电泳原理，判断两组混合标样中4个峰各自的归属（需要查找被分析物

的 $pK_a$ 值），找到在未知浓度混合样品中与之迁移时间一致的峰。

2. 按照已知浓度峰的积分面积之比折算未知浓度混合样品中各个组分的浓度（外标定量法）。

3. 计算各个组分的表观淌度和有效淌度，并说明哪个组分可以作为电渗流标记物。本次 CE 实验使用的毛细管总长度 $L=50\text{cm}$，有效长度 $l=40.5\text{cm}$。

4. 根据电泳原理，判断在另外两种缓冲溶液下，各个峰的归属，并对各个组分迁移时间的变化做出合理分析和讨论。

## 思考题

1. 混合标样测定时，进样后为何要将进口（Inlet）托架的位置换回缓冲溶液？

2. 为什么在做完实验以后一定要用水冲洗毛细管？

3. 混合标样配制时，为什么不采用浓度一样的混合溶液作为混合标样？

### 附：毛细管电泳仪缓冲液的选择方法

毛细管电泳的分离过程是在缓冲液中进行的，缓冲液的选择直接影响被分离物质颗粒的迁移和分离。缓冲液的选择要求是在所选的 pH 范围内有较强缓冲能力，在检测波长处紫外吸收低、电泳淌度小。具体方法如下：

可先用磷酸盐缓冲体系为选择基础，初步确定 pH 范围后，再进一步选出更好的 pH 和缓冲试剂。磷酸盐是毛细管电泳中常用的缓冲液体系之一，它的紫外吸收低，pH 缓冲范围较宽（pH 1.5～13），但电导率较大。

实验表明，对于蛋白质、肽和氨基酸等两性样品，采用酸性（pH＝2）或碱性（pH＞9）分离条件，比较容易得到好的分离结果。糖类样品通常在 pH＝9～11 能获得分离。羧酸或其他样品多在 pH＝5～9 选择分离条件。

pH 的选择也和所用的毛细管种类有关。许多涂层毛细管只能在一定的 pH 范围内工作，如聚丙烯酰胺涂层毛细管在 3＜pH＜8 范围外工作，其涂层容易水解失效。

在相同的 pH 下，不同缓冲液体系的分离效果不尽相同，有的可能相差甚远。一般经验是：能与样品发生相互作用的试剂可能是常用的试剂。例如，在分离糖类和 DNA 等分子时，优先使用硼酸盐缓冲液体系。因为硼酸根能与糖羟基形成配位键，增加糖的负电荷和分离度。硼酸盐缓冲液体系也适用于其他含邻位羟基或多羟基化合物的分离。

缓冲试剂和 pH 调节剂的浓度也需要优化。缓冲试剂的浓度一般控制在 10～200mmol·L$^{-1}$。电导率高的缓冲试剂如磷酸盐等的浓度多控制在 20mmol·L$^{-1}$左右，电导率低的试剂如硼酸盐和 HEPES 等的浓度可控制在 100mmol·L$^{-1}$以上。有时为了抑制蛋白质吸附等，可采用很高（＞0.5mol·L$^{-1}$）的试剂浓度，此时要注意降低分离电压。

# 第三篇
# 仪器分析综合实训

## 实训项目一 用电位分析法对化妆品的pH、氟离子和亚铁离子含量进行检测评价

### 一、实训目的

1. 能选择合理的方法对化妆品中pH、氟离子和亚铁离子含量进行测定。
2. 能熟练对酸度计、离子计和电位滴定仪进行操作和正确保养。
3. 能正确使用电位分析法对化妆品中pH、氟离子和亚铁离子含量进行测定。
4. 能分析所测的数据，并给出结果。

### 二、实训任务

总任务：用电位分析法对化妆品的pH、总氟量、亚铁离子含量进行检测和评价

任务1：样品预处理

任务2：用酸度计对化妆品样品pH值进行测定

任务3：用离子计对化妆品样品总氟量进行测定

任务4：用电位滴定法测定化妆品样品中亚铁离子含量

### 三、实训操作

**【任务1】** 样品预处理

1. 稀释法

称取样品1份（精确至0.1g），加不含$CO_2$的去离子水10份，加热至40℃，并不断搅拌至均匀，冷却至室温，作为待测溶液。

如为含油量较高的产品，可加热至70～80℃，冷却后去油块待用；粉状产品可沉淀，过滤后待用。

2. 直测法（适合于溶液状化妆品，不适用于粉类、油膏类化妆品及油包水型乳化体）

将适量包装容器中的样品放入烧杯中待用或将小包装去盖后直接将电极插入其中。

**【任务2】** 用酸度计对化妆品样品pH值进行测定

1. 准备工作

（1）准备所需试剂　pH缓冲剂套装，不含$CO_2$的去离子水，广泛pH试纸（pH 1～14）。

（2）准备所需设备　精密酸度计，玻璃电极、甘汞电极或复合电极，50mL烧杯，250mL量瓶。

（3）配制缓冲溶液　按要求配制标准缓冲溶液（pH分别为4.00、6.86、9.18）。

（4）仪器预热，安装电极和温度传感器，搭建实验装置；清洗电极，待仪器稳定后即可进行测定。

2. 样品测定

（1）电极插入pH为6.86的标准缓冲溶液中，振摇均匀，按“校正”钮，进行手动“定位”，将pH值调至溶液温度下的pH。

（2）用pH试纸测试待测样品的酸度，选择最接近待测液pH的标准缓冲液调节“斜率”。

（3）将电极插入已选择的标准缓冲溶液中，振摇均匀，按“校正”钮，手动调“斜率”，将pH值调至溶液温度下的pH。

（4）校正完毕后，仪器显示校正系数$K$，测定要求$K$值在90%～100%之间，否则不能准确测定。

（5）将校正过的酸度计电极用纯水冲洗干净，用滤纸吸干，放入样品溶液中，搅拌1min，待pH值稳定后，从仪器上读取pH值，并记录。

3. 数据处理

测试两次，误差范围±0.02，取其平均读数值。

4. 结束工作

（1）关机　关闭开关，取下电源插头。将电极用水冲洗干净，玻璃电极浸泡在水中备用，复合电极置浸泡液中备用。

（2）清理台面，填写仪器使用记录。

**【任务3】** 用离子计对化妆品样品总氟量进行测定

1. 准备工作

（1）准备所需试剂　NaF，氯化钠，柠檬酸钠，冰醋酸，$6mol \cdot L^{-1}$ NaOH溶液，去离子水。

（2）准备所需设备　离子计，电磁搅拌器，氟电极，甘汞电极，塑料烧杯，量瓶。

（3）配制试液

① $1.000 \times 10^{-1} mol \cdot L^{-1}$ $F^-$标准贮备液　准确称取NaF（120℃干燥1h）4.199g溶于1000mL量瓶中，用去离子水稀释至刻度，摇匀，贮于聚乙烯瓶中

待用。

② 总离子强度调节缓冲溶液（TISAB）　称取氯化钠58g、柠檬酸钠10g，溶于800mL去离子水中，再加冰醋酸57mL，用6mol·$L^{-1}$ NaOH溶液调至pH5.0～5.5之间，稀释至1000mL，备用。

（4）仪器预热，安装电极，搭建实验装置；清洗电极，待仪器稳定后即可进行测定。

2. 样品测定

（1）绘制标准曲线　取5只100mL量瓶，用$1.000\times10^{-1}$mol·$L^{-1}$ $F^-$标准贮备液分别配制内含10mL TISAB的$1.000\times10^{-2}$～$1.000\times10^{-6}$mol·$L^{-1}$ $F^-$标准溶液。

将适量的所配制的标准溶液分别倒入5只干燥洁净的塑料烧杯中，插入氟电极和甘汞电极，放入搅拌子。启动搅拌器，在搅拌的条件下，待电位稳定后，停止搅拌，读取标准溶液的电位值$E$。

注意：标准溶液的测定顺序由稀至浓分别测量。每测完一次，均要用去离子水清洗电极，并用滤纸吸干。

（2）测定　准确移取经预处理的样品适量于100mL容量瓶中，加入10mL TISAB，用蒸馏水稀释至刻度，摇匀，倒入干燥洁净的塑料烧杯中，插入电极。在搅拌条件下待电位稳定后读出电位值$E_x$。重复测定2次，取平均值。

3. 数据处理

（1）以所测出的$F^-$标准溶液的电位值$E$为纵坐标，所对应的标准溶液$F^-$浓度的对数为横坐标，绘制$E$(mV)-lg$c_{F}^{-}$（μg·$L^{-1}$）工作曲线。

（2）从标准曲线的线性部分求出该离子选择性电极的实际斜率，并由$E_x$值求试样中$F^-$的浓度（以mg·$L^{-1}$表示）。

4. 结束工作

（1）关机：关闭开关取下电源插头。将电极用去离子水冲洗数次，直至接近空白电位值，晾干后收入电极盒中保存（电极暂不使用时，宜干放；若连续使用期间的间隙内，可浸泡在水中）。

（2）清理台面，填写仪器使用记录。

**【任务4】** 用电位滴定法测定化妆品样品中亚铁离子含量

1. 准备工作

（1）准备所需试剂　0.10000mol·$L^{-1}$重铬酸钾标准溶液，硫酸-磷酸混合酸（1+1），2g·$L^{-1}$邻苯氨基苯甲酸指示液，$w(HNO_3)=10\%$硝酸溶液，去离子水。

（2）准备所需设备　精密酸度计，电磁搅拌器，铂电极，双液接甘汞电极，烧杯，滴定管，移液管。

（3）铂电极的预处理　将铂电极浸入热的$w(HNO_3)=10\%$硝酸溶液中数分钟，取出用去离子水冲洗干净，置电极夹上。

（4）饱和甘汞电极的预处理　检查饱和甘汞电极内液位、晶体、气泡及微孔砂芯渗漏情况并作适当处理后，用去离子水清洗干净，吸干外壁水分，套上装满饱和氯化钾溶液的盐桥套管，用橡皮圈扣紧，置电极夹上。

(5) 正确安装电极，搭建实验装置；打开酸度计电源开关，仪器预热，待仪器稳定后即可进行测定。

2. 样品测定

(1) 移取 20.00mL 试液于 250mL 的高型烧杯中，加入硫酸－磷酸混合酸 (1＋1) 10mL，稀释至 50mL 左右。加一滴邻苯氨基苯甲酸指示液，放入洗净的搅拌子，将烧杯放在搅拌器上，插入电极。

(2) 开启搅拌器，将酸度计的选择开关置于“mV”位置，记录溶液的起始电位。

(3) 滴加 $K_2Cr_2O_7$ 溶液，待电位稳定后读取电位值及滴定剂加入体积。

(4) 滴定开始时每加入 5mL 标准滴定溶液记录一次电位值，然后依次减少加入量为 1.0mL、0.5mL 后记录。在化学计量点附近（电位突跃前后 1mL 左右）每加 0.1mL 记录一次，过化学计量点后再每加 0.5mL 或 1.0mL 记录一次，直至电位变化不大为止。观察溶液颜色变化时对应的滴定体积。

3. 数据处理

通过 $E$-$V$ 曲线法、一阶微商法或二阶微商法处理实验数据。

4. 结束工作

(1) 关闭仪器和搅拌器开关；

(2) 清洗滴定管、电极、烧杯并放回原处；

(3) 清理台面，罩上仪器防尘罩，填写仪器使用记录。

## 四、项目拓展

利用电位分析法对涂料产品的相关性能进行检测，请写出分析方案。

要求：(1) 研究涂料的相关标准，确定能用电化学分析法测定的项目；

(2) 写出各分析项目的分析方案；

(3) 进行分析测试，并根据测定过程中出现的问题，继续优化方案；

(4) 对分析结果进行分析，写出检测报告。

# 实训项目二 用紫外-可见分光光度计对化妆品中的维生素 C 活性物含量和砷含量进行检测评价

## 一、实训目的

1. 能选择合理的方法对化妆品中维生素 C 活性物含量和砷的含量进行测定。

2. 能熟练对紫外-可见分光光度计进行操作及使用。

3. 能使用紫外-可见分光光度法对化妆品中维生素 C 活性物含量和砷的含量进行测定。

4. 能分析所测的数据，并给出结果。

## 二、实训任务

总任务：使用紫外-可见分光光度计对化妆品中的维生素C活性物含量和砷含量进行检测和评价

任务1：对化妆品样品中的砷含量进行测定

任务2：对化妆品样品中的维生素C活性物含量进行测定

任务3：质量评价

## 三、实训操作

**【任务1】** 对化妆品样品中的砷含量进行测定

1. 选择可见分光光度法对化妆品中的砷含量进行测定。

2. 准备工作

(1) 准备所需试剂　硫酸（1+9），盐酸（1+1），氢氧化钠溶液（$200g \cdot L^{-1}$），酚酞指示剂（$1g \cdot L^{-1}$乙醇溶液），硝酸镁溶液（$100g \cdot L^{-1}$），碘化钾溶液（$150g \cdot L^{-1}$），氯化亚锡溶液（$400g \cdot L^{-1}$），无砷锌粒（10～20目），乙酸铅棉花，吸收液，无水乙醇。

(2) 准备所需设备　瓷蒸发皿，容量瓶，砷测定装置（如图3-1），分光光度计，箱式电炉，水浴锅，电炉。

(3) 开机　检查仪器，开机预热20min，并根据仪器使用说明调试至正常工作状态。

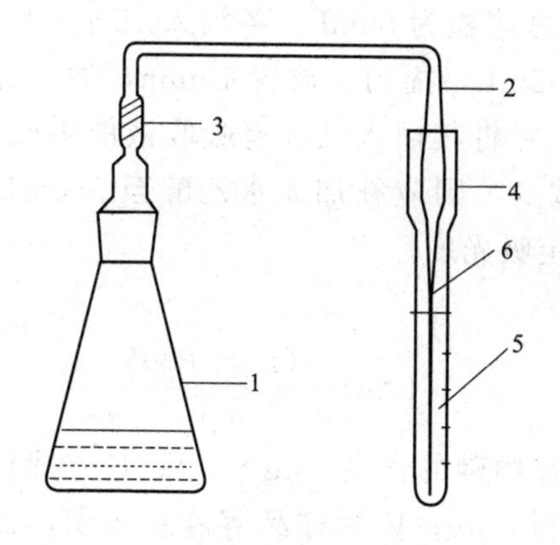


图3-1　砷测定装置

1—125mL砷化氢发生瓶；2—导气管；3—乙酸铅棉花；4—5mL刻度吸收管；
5—硝酸银-聚乙烯醇-乙醇吸收液；6—内径0.4mm聚四氟乙烯管

3. 样品预处理（干灰化法）

准确称取混匀试样约1.00g，置于50mL蒸发皿中。同时作试剂空白。加入$100mg \cdot mL^{-1}$硝酸镁溶液10mL及氧化镁1g，充分混合均匀。水浴蒸干水分，小火炭化至不冒烟，移入箱形电炉，550℃灰化4h，冷却取出，加少许水润湿。

用1+1盐酸20mL分数次加入，溶解灰分及洗蒸发器皿，合并移入50mL容量瓶中，加水至刻度，备用。

4. 标准曲线的绘制

(1) 砷标准贮备溶液的配制（$1g \cdot L^{-1}$） 精密称取经150℃干燥2h的三氧化二砷0.6600g，溶于10mL $1g \cdot L^{-1}$的氢氧化钠溶液中，滴加2滴酚酞指示剂，用硫酸（1+9）中和至中性，加入硫酸（1+9）10mL，转移至500mL容量瓶中，加水至刻度，混匀。

(2) 砷标准溶液的配制（$10mg \cdot L^{-1}$） 移取砷标准贮备溶液1.00mL，置于100mL容量瓶中，加水至刻度，混匀，备用。

(3) 砷标准工作溶液的配制（$1mg \cdot L^{-1}$） 临用时移取砷标准溶液10.00mL，置于100mL容量瓶中，加水至刻度，混匀。

(4) 标准曲线的绘制 移取砷标准工作溶液0.00mL、0.50mL、1.00mL、2.00mL、3.00mL、4.00mL、5.00mL，分别置于砷化氢发生瓶中，加入盐酸（1+1）10mL，加水至总体积为50mL，各加入$150g \cdot L^{-1}$碘化钾溶液2.5mL及$400g \cdot L^{-1}$氯化亚锡溶液2mL，摇匀，放置10min，加入锌粒（约5g），立即接上塞有乙酸铅棉的导气管，并将其插入已加有吸收液5.0mL的吸收管中，室温反应1h。若反应完毕吸收液体积减少，则应补加无水乙醇至5.0mL。以吸收液为参比，用1cm比色皿在410nm测定吸光度，绘制校准曲线。

5. 砷含量的测定

取适量样品溶液及空白溶液，分别置于砷化氢发生瓶中，加入盐酸（1+1）使酸含量约为10mL，加水至总体积为50mL。各加入$150g \cdot L^{-1}$碘化钾溶液2.5mL及$400g \cdot L^{-1}$氯化亚锡溶液2mL，摇匀，放置10min，加入锌粒（约5g），立即接上塞有乙酸铅棉的导气管，并将其插入已加有吸收液的吸收管中，室温反应1h。反应完毕后若吸收液体积减少，则应补加无水乙醇至5.0mL。以吸收液为参比，用1cm比色皿在410nm测定吸光度。

6. 数据处理

$$w(\mathrm{As})=\frac{(P_1-P_0)V}{mV_1}$$

式中，$w(\mathrm{As})$为样品中砷的含量，$\mu g \cdot g^{-1}$；$P_1$为测试溶液中砷的质量，$\mu g$；$P_0$为空白溶液中砷的质量，$\mu g$；$V$为样品溶液总体积，mL；$V_1$为分取样品溶液体积，mL；$m$为样品质量，g。

7. 结束工作

(1) 关机：关闭开关，取下电源插头，取出比色皿洗净擦干，放好，盖好比色皿暗箱，盖好仪器。

(2) 清理台面，填写仪器使用记录。

**【任务2】** 对化妆品样品中的维生素C活性物含量进行测定

1. 选择紫外分光光度法对化妆品中的维生素C含量进行测定。

2. 准备工作

（1）准备所需试剂　维生素C（抗坏血酸），无水乙醇。

（2）准备所需设备　紫外-可见分光光度计，石英比色皿一对，洁净的1000mL量瓶1个，50mL量瓶5个。

（3）开机　检查仪器，开机预热20min，并根据仪器使用说明调试至正常工作状态。

3. 配制标准溶液

（1）配制维生素C标准贮备溶液（0.5mg·mL$^{-1}$）　精密称取维生素C对照品0.05g，置于100mL棕色量瓶中，加无水乙醇溶解并稀释至刻度，摇匀，即得。

（2）配制维生素C系列标准溶液　精密移取维生素C标准贮备溶液0.20mL、0.50mL、1.00mL、1.50mL、2.00mL，分别置于50mL棕色量瓶中，用无水乙醇稀释至刻度，摇匀，备用。

4. 绘制吸收光谱曲线

以无水乙醇为参比，在220～320nm范围内绘制维生素C的吸收光谱曲线，并确定最大吸收波长$\lambda$。

5. 绘制标准曲线

以无水乙醇为参比，分别在$\lambda$处测定维生素C系列标准溶液的吸光度，以浓度为横坐标，吸光度为纵坐标作出标准曲线。

6. 维生素C含量测定

取化妆品样品适量（约相当于含维生素C 1.0mg），置于100mL棕色量瓶中，用无水乙醇溶解，并稀释至刻度，摇匀，滤过。取滤液在$\lambda$处测定吸光度。

7. 数据处理

$$w(\mathrm{Vc})=\frac{\rho V}{m}$$

式中，$w(\mathrm{Vc})$为样品中维生素C的含量，mg·g$^{-1}$；$\rho$为从标准曲线上查出测试溶液中的质量浓度，mg·mL$^{-1}$；$V$为样品溶液总体积，mL；$m$为样品质量，g。

**【任务3】** 质量评价

根据测定出来的化妆品中维生素C活性物含量和砷含量，以及相关标准，对其质量作出相应评价。

**四、项目拓展**

1. 利用紫外-可见分光光度计测定溶液中铁离子含量。

2. 用分光光度法同时测定维生素C和维生素E。

要求：（1）会操作紫外-可见分光光度计；

（2）会确定合适的分析条件和显色条件；

（3）会用标准曲线法进行定量分析；

（4）对分析结果进行分析，写出检测报告。

# 实训项目三 紫外-可见分光光度计性能检测及在药品检验中的应用

## 一、实训目的

1. 掌握 752 型、752N 型及 UV-1240 型紫外-可见分光光度计的使用方法。

2. 熟悉《中国药典》（2015 年版）对紫外-可见分光光度计性能的要求且掌握对其波长准确度（波长精度）和波长重现性、吸光度的准确度、杂散光、吸收池配套性等的检定方法。

3. 掌握用紫外-可见分光光度计绘制药品吸收曲线的方法及用紫外-可见分光光度法鉴别药物的方法。

4. 熟悉紫外-可见分光光度计测定药品吸收系数的方法和计算公式及测定注射液标示百分含量的原理和方法。

## 二、实训任务

总任务：能熟练使用提供的各种类型的紫外-可见分光光度计，并能对它们的各种性能进行检测和评价；通过案例阐述其在药品检验中的应用

任务 1：对紫外-可见分光光度计进行性能检测

任务 2：紫外分光光度计在药品检验中的应用

任务 3：性能评价

## 三、实训操作

**【任务 1】** 对紫外-可见分光光度计进行性能检测

1. 准备工作

仪器、试剂和药品：752 型、752N 型或 UV-1240 型紫外-可见分光光度计，镨钕滤光片，容量瓶，重铬酸钾溶液 $[0.06g\cdot(100mL)^{-1}]$，硫酸溶液 $(0.005mol\cdot L^{-1})$，NaI 溶液 $(10g\cdot L^{-1})$，$NaNO_2$ 溶液 $(50g\cdot L^{-1})$。

2. 操作步骤

（1）波长准确度（波长精度）和波长重现性的检定　常用石英汞灯的 546.07nm（绿色）谱线为基准进行校正，然后再核对 237.83nm、253.65nm、275.28nm、296.73nm、313.16nm、334.15nm、365.02nm、404.66nm（紫色）、435.83nm（蓝色）与 576.96nm（黄色）等谱线（见表 3-1）；或用仪器中氘灯的 486.02nm 及 656.10nm 谱线作参考波长进行校正；另外，仪器中的钨灯用镨钕玻璃（镨钕滤光片）在 573nm 和 586nm 吸收峰作参考波长，也可以进行校正。

**表 3-1　低压石英汞灯谱线波长值及相应强度**

| 波长/nm | 强度 | 波长/nm | 强度 |
|---|---|---|---|
| 253.65 | 130 | 365.02 | 25 |
| 275.28 | 0.5 | 404.66 | 45 |
| 296.73 | 10 | 435.83 | 85 |
| 313.16 | 15 | 546.07 | 50 |
| 334.15 | 2 | 576.96 | 15 |

上述测量连续 3 次，计算波长准确度 $\Delta\lambda$ 和波长重现性 $\delta\lambda$：

$$\Delta\lambda = 3\text{ 次测量平均值} - \text{参考波长值}$$

$$\delta\lambda = \text{每次测量值与 3 次测量平均值的最大绝对差值}$$

双光束光栅型紫外-可见分光光度计波长准确度允许误差范围为±0.5nm，单光束棱镜型紫外-可见分光光度计在 350nm 处的波长准确度允许误差范围为±0.7nm，在 500nm 处为±2.0nm，在 700nm 处为±4.8nm。波长重现性应不大于相应波长准确度绝对值的 1/2。

(2) 吸光度准确度的检定　取在 120℃干燥至恒重的基准重铬酸钾约 60mg，精密称定，用 0.005mol·L$^{-1}$硫酸溶液溶解并稀释至 1000mL，以 0.005mol·L$^{-1}$硫酸溶液为空白，1cm 石英标准吸收池，分别在 235nm、257nm、313nm、350nm 波长处测吸光度，并计算其百分吸收系数（比吸收系数）$E_{1cm}^{1\%}$，并与相应的规定的吸收系数比较，如表 3-2，《中国药典》（2015 年版）规定允许的相对偏差在±1%以内。

**表 3-2　60mg·(100mL)$^{-1}$ $K_2Cr_2O_7$ 0.005mol·L$^{-1}$ $H_2SO_4$ 标准溶液的吸收系数**

| 波长/nm | 吸收强度 | 百分吸收系数($E_{1cm}^{1\%}$) | 允许误差范围 |
|---|---|---|---|
| 235 | 最小 | 124.5 | 123.3～125.7 |
| 257 | 最大 | 144.0 | 142.6～145.4 |
| 313 | 最小 | 48.62 | 48.13～49.11 |
| 350 | 最大 | 106.6 | 105.5～107.7 |

(3) 杂散光的检定　杂散光的检查可按表 3-3 的试剂和浓度配制成水溶液，置于 1cm 石英吸收池中，以蒸馏水作空白，在规定的波长处测定透光率，应符合表 3-3 中的规定。通常新制造的仪器散光不大于 0.6%，使用中和修理后的杂散光不大于 0.8%。

**表 3-3　杂散光检查情况**

| 试剂 | 浓度/g·L$^{-1}$ | 测定用波长/nm | 透光率/% |
|---|---|---|---|
| 碘化钠 | 10.00 | 220 | <0.8 |
| 亚硝酸钠 | 50.00 | 340 | <0.8 |

(4) 吸收池配套性检定　取在 120℃干燥至恒重的基准重铬酸钾约 60mg，精密称定，用 0.005mol·L$^{-1}$硫酸溶液溶解并稀释至 1000mL，将溶液置于 1cm 石英吸

收池，在 350nm 波长处将一个吸收池的透光率调至 100%，测定其他各吸收池透光率。再于 1cm 石英吸收池中装满蒸馏水，于 220nm 波长处将一个吸收池的透光率调至 100%，测量其他各吸收池的透光率。两次测量，凡透光率之差均小于 0.5% 的吸收池可以配成一套石英吸收池。

改用玻璃吸收池，装重铬酸钾溶液时在 400nm 波长处，装蒸馏水时在 600nm 波长处，按上法测定透光率，凡两次测定透光率之差均小于 0.5%的吸收池也可配成一套玻璃吸收池。

3. 注意事项

（1）仪器的维护　为确保仪器稳定工作，在电源波动较大的地方，建议用户使用交流稳压电源。当仪器停止工作时，应关闭仪器电源开关，再切断电源。为了避免仪器积灰和沾污，在停止工作的时间里，用防尘罩罩住仪器，同时在罩子内放置数袋防潮剂，以免灯室受潮、反射镜镜面发霉或沾污，影响仪器日后的工作。仪器工作数月或搬动后，要检查波长准确度，以确保仪器的使用和测定精度。

（2）氧化钬玻璃（氧化钬滤光片）　在 279.4nm、287.5nm、333.7nm、360.9nm、418.5nm、460.0nm、484.5nm、536.2nm 与 637.5nm 波长处有尖锐吸收峰，也可作波长校正用（常用 279.4nm、360.9nm 和 536.2nm 三个吸收峰），但因来源不同会有微小的差别，使用时应注意。

**【任务 2】** 紫外分光光度计在药品检验中的应用

1. 准备工作

仪器、试剂和药品：752 型或 752N 型紫外-可见分光光度计，刻度吸管，容量瓶，分析天平，称量瓶，洗耳球，小烧杯，胶头滴管，重铬酸钾（A. R.），硫酸溶液（0.005mol · $L^{-1}$），维生素 $B_{12}$ 注射液。

2. 操作步骤

应用一：维生素 $B_{12}$ 吸收曲线的绘制和药物的鉴别（通过吸收曲线可鉴别维生素 $B_{12}$ 的真伪）

（1）维生素 $B_{12}$ 供试液的配制　精密量取维生素 $B_{12}$ 注射液适量，加水定量稀释成每 1mL 含维生素 $B_{12}$ 约 25$\mu$g 的溶液。

（2）装液　将空白溶液（纯化水）与供试液分别盛于 1cm 厚的配对的石英比色皿中，正确放入样品室托架内，盖好样品室盖。

（3）测定　从 240nm 起至 580nm 止绘制吸收曲线。

（4）结果处理及判断　《中国药典》（2015 年版）二部规定本品应在 278nm、361nm 与 550nm 的波长处有最大吸收。361nm 处与 278nm 处吸光度的比值应为 1.70～1.88，361nm 与 550nm 处吸光度的比值应为 3.15～3.45，应符合规定。

应用二：重铬酸钾溶液吸收系数的测定

（1）重铬酸钾溶液的配制　取 120℃干燥至恒重的基准重铬酸钾约 60mg，精密称定，用硫酸溶液（0.005mol · $L^{-1}$）溶解并稀释至 1000mL。

（2）测定　以硫酸溶液（0.005mol · $L^{-1}$）为空白，分别在 235nm、257nm、

313nm 和 350nm 波长处测定重铬酸钾溶液的吸光度。

（3）结果处理　分别计算重铬酸钾在 235nm、257nm、313nm 和 350nm 波长处的百分吸收系数（$E_{1cm}^{1\%}$）。

（4）结论及应用　物质对光的选择性吸收波长，以及相应的吸收系数是该物质的物理常数。重铬酸钾溶液在 257nm 和 350nm 处有最大吸收，在 235nm 和 313nm 处有最小吸收，可用于药物的鉴别。测定相应的吸收系数可用于药物的真伪鉴别及检定仪器的吸收度准确性等。

应用三：药品中主要成分的含量测定（以维生素 $B_{12}$ 注射液为例）

维生素 $B_{12}$ 注射液为维生素 $B_{12}$ 的灭菌水溶液，含维生素 $B_{12}$（$C_{63}H_{88}CoN_{14}O_{14}P$）应为标示量的 90.0%～110.0%。

（1）维生素 $B_{12}$ 供试液的配制　精密量取维生素 $B_{12}$ 注射液适量，加水定量稀释成每 1mL 含维生素 $B_{12}$ 约 25$\mu$g 的溶液。本品见光易分解，应避光操作。

（2）装液　将空白溶液（纯化水）与供试液分别盛于 1cm 厚的配对的石英比色皿中，正确放入样品室托架内，盖好样品室盖。

（3）测定　在 361nm 波长处测定吸光度。

（4）结果处理　按 $C_{63}H_{88}CoN_{14}O_{14}P$ 的百分吸收系数（$E_{1cm}^{1\%}$）为 207 计算本品的标示百分含量，应符合规定。

3. 注意事项

（1）波长每改变一次，都必须用空白液调节零点，校正后再测定吸光度和透光率。

（2）比色皿装液以其池体积 3/4～4/5 为宜。比色皿光面置光路中，放置的位置要正确，使用挥发性溶液时应加盖。透光面要用擦镜纸由上而下擦拭干净，检视应无残留溶剂。

（3）752 型及 752N 型在测定过程中应随时关闭光路闸门（打开暗箱盖），以保护光电管。

（4）维生素 $B_{12}$ 见光易分解，应避光操作。

（5）维生素 $B_{12}$ 注射液有不同规格，供试品的取用量及稀释倍数根据其规格而定。

**【任务 3】** 性能评价

根据对仪器的各项性能进行检测，同时根据其在药品检验中的应用（如吸收曲线的绘制、吸收系数的测定、药品中主要成分的含量测定等）对仪器的性能作出相应评价。

## 附：紫外-可见分光光度计操作规程

### 一、752 型紫外光栅分光光度计操作规程

1. 将灵敏度旋钮调至“1”挡。

2. 按“电源”开关（开关内 2 只指示灯亮），钨灯点亮；按“氢灯电源”开关（开

关内左侧指示灯亮)，氢灯电源接通，再按“氢灯触发”按钮（开关内右侧指示灯亮，氢灯点亮）。仪器预热 30min。(注：仪器后背部有一“钨灯”开关，不需要钨灯时可将其关闭。)

3. 将功能选择开关置于“T”。

4. 打开试样室盖（光门自动关闭），调节 0%T 旋钮，使数字显示“00.0”。

5. 将波长指示置于所需波长。

6. 将装有待测溶液的吸收池放置在吸收池架中。

7. 盖上试样室盖，将参比溶液置于光路，调节 100%T 旋钮，使数字显示为“100.0”(如果显示不到 100，可适当增加灵敏度的挡数，同时应重复“4”，调整仪器的“00.0”)。

8. 重复“4”及“7”两项操作，让仪器不用手动按，自动显示“00.0”和“100.0”的位置。

9. 将选择开关置于“A”。旋动吸光度调整旋钮，使数字显示为“00.0”，然后移入被测溶液使其置于光路，这时屏幕上显示值即为试样的吸光度 $A$ 值。

## 二、752N 型紫外-可见分光光度计操作规程

1. 仪器使用前需开机预热 30min。

2. 本仪器键盘共有 4 个键，分别为：①A/τ/C/F 键（其中 A 是吸光度，τ 是透射比)；②SD；③▽/0%；④△/100%。按 A/τ/C/F 键使光标置于“A”。

3. 打开试样室盖（光门自动关闭），按▽/0%键，使数字显示“00.0”。

4. 将波长指示置于所需波长。

5. 将装有待测溶液的吸收池放置在吸收池架中。

6. 盖上试样室盖，将参比溶液置于光路，调节△/100%键，使数字显示为“100.0”。

7. 重复“3”及“6”两项操作，让仪器不用手动按，自动显示“00.0”和“100.0”。

8. 按 A/τ/C/F 键使光标置于“τ”，然后移入被测溶液使其置于光路，这时屏幕上显示值即为试样的吸光度 $A$ 值。

## 三、岛津 UVmini-1240 型紫外-可见分光光度计操作规程

开机：开机前确认电源是否连接。打开仪器电源开关，等待仪器自检通过，自检过程中禁止打开样品室。

使用：仪器自检完成后（各个项目均显示“OK”字样），进入模式选择屏幕，方式菜单下显示如下 5 个模块：①光度值；②光谱；③定量；④选择程序包；⑤系统设置。实验过程中常用的是以下 3 个模块的功能：①光度测量；②光谱测量；③定量测量。

1. 光度测量

在固定波长下测量样品的吸光度或%透光率。

在模式选择屏幕中选择 [1. 光度值]→使用[GOTO WL] 键设置波长→按 [T%/ABS] 键，可在%透光率模式（T%）和吸光度模式（ABS）间进行切换→在测量前设

置好空白样品，然后按［AUTO ZERO］键，此时的光度值设定为0 ABS（100%T）→吸收池装上样品后，按下［START/STOP］键，数据显示的值即为该样品的吸光度（ABS）或%透光率。

2. 光谱测量

可对某固定浓度样品进行波长扫描，并自动绘出吸收曲线。

在模式选择屏幕中选择［2. 光谱］。

（1）参数设置　测定方式一般选择“ABS”→输入选定的波长范围（高至低）→设置光谱记录时的纵坐标范围（有效输入范围ABS：±3.99A）→扫描速度一般选择“中速”→扫描次数一般为1次→显示方式一般为“顺序”。

（2）基线校正　装上空白溶液后，可按下F1键，进行基线校正。再按下［START/STOP］键，终止校正。

（3）测量　确定测量参数后，按下［START/STOP］键，切换至测量屏幕并开始测量；测量完成时，测量屏幕显示吸收曲线。再按下［START/STOP］键，终止测量。

按［RETURN］键，可返回上一屏幕。

（4）数据处理　［F1］缩放；［F2］显示出峰（或谷）位置，最多可检测20个波峰、波谷。

3. 定量测量

（1）参数设置　测定一般选择“1λ”→方法一般选择“多点校准”，标准个数根据标样个数设定，次数为“1”，并选“过原点”→测定次数为“3”→单位可根据情况设定→打印数据选“否”。

（2）制作标准曲线　输入各个样品的浓度→按［START/STOP］键开始测量输入→ABS值全部输入后，完成了浓度和吸光度表制作→在浓度表屏幕中选择［F1］键可将已制作的标准曲线显示在屏幕中。

（3）测量未知样品　放入未知样品→按［START/STOP］键执行未知样品的测量→显示未知样品的浓度。

# 实训项目四　用原子吸收光谱法对化妆品中铅、镉等重金属的含量进行检测评价

## 一、实训目的

1. 能选择合理的方法对化妆品中铅、镉等重金属含量进行测定。
2. 能熟练操作原子吸收光谱仪并正确设置实验参数。
3. 能使用火焰原子吸收光谱法对化妆品中铅、镉等重金属的含量进行测定。
4. 能熟练操作原子吸收光谱仪并正确设置实验参数。
5. 能分析所测的数据，并给出结果。

## 二、实训任务

总任务：用火焰原子吸收光谱法对化妆品中铅、镉等重金属含量进行测定，并根据测定结果对其质量进行评价

任务 1：样品预处理（湿式消解法）

任务 2：利用标准曲线法对化妆品中的铅、镉含量进行测定

任务 3：质量评价

## 三、实训操作

**【任务 1】** 样品预处理（湿式消解法）

精密称取混匀的化妆品样品 1.00～2.00g，置于消解管中（样品中如含有乙醇等有机溶剂，先在水浴或电热板上低温挥发；若为膏霜型样品，可预先在水浴中加热，使瓶壁上样品熔化流入瓶的底部），加入数粒玻璃珠，然后加入硝酸 10mL，由低温至高温加热消解，当消解液体积减少至 2～3mL，移去热源，冷却。加入 $HClO_4$ 2～5mL，继续加热消解，不时缓缓摇动使之均匀，消解至冒白烟，消解液呈无色或淡黄色透明状，浓缩消解液至 1mL 左右。冷却，移入 10mL 具塞比色管中，用水稀释至刻度，备用。如样液浑浊，可离心后取上清液进行测定。

同时制备试剂空白。

**【任务 2】** 利用标准曲线法对化妆品中的铅、镉含量进行测定

1. 准备工作

（1）准备所需试剂　去离子水，硝酸（1+1）。

（2）准备所需设备　原子分光光度计及相关附件。

（3）配制标准贮备液

① 标准铅贮备液的配制　精密称取光谱纯金属铅 0.500g，加入硝酸（1+1）10mL，加热使溶解，定量转移至 500mL 量瓶中，用水稀释至刻度，摇匀。再精密吸取 1mL 至 100mL 量瓶中，加硝酸溶液 2mL，用水稀释至刻度，即得（每 1mL 含 0.01mg 的铅）。

② 标准镉贮备液的配制　同上制备每 1mL 含 0.01mg 的镉标准贮备液。

2. 原子分光光度计的调试

（1）开机和性能调试　具体操作见各原子吸收光谱仪操作说明书。

（2）试验参数设置　见表 3-4。

**表 3-4　试验参数表**

| 元素 | 波长 /nm | 灯电流 /mA | 光谱通道 /nm | 乙炔流量 $/L \cdot min^{-1}$ | 空气流量 $/L \cdot min^{-1}$ |
|---|---|---|---|---|---|
| Cd | 228.8 | 3 | 0.2 | 1.2 | 6.7 |
| Pb | 283.3 | 3 | 0.2 | 1.2 | 6.7 |

3. 标准曲线的绘制

分别吸取铅标准溶液（$0.01mg \cdot mL^{-1}$）0.00mL、0.50mL、1.00mL、2.00mL、

4.00mL、6.00mL，分别放入 6 个 10mL 的量瓶中，用 1%的硝酸溶液定容，摇匀；分别吸取镉标准溶液（0.01mg・$mL^{-1}$）0.00mL、0.50mL、1.00mL、2.00mL、3.00mL、4.00mL，分别放入 6 个 50mL 的量瓶中，用 1%的硝酸溶液定容。

按照浓度从小到大顺序分别吸入铅、镉标准溶液，在扣除背景吸收下，测量其吸光度，制得铅、镉标准曲线。

4. 样品测定

分别取空白样和试样，测量其吸光度。

5. 计算

$$w(\text{被测金属})=\frac{(\rho_1-\rho_0)V\times1000}{m}$$

式中，$w$(被测金属）为样品中被测金属的含量，mg・$g^{-1}$；$\rho_1$ 为从标准曲线上查出测试溶液中的质量浓度，mg・$mL^{-1}$；$\rho_0$ 为从标准曲线上查出空白溶液的质量浓度，mg・$mL^{-1}$；$V$ 为样品溶液总体积，mL；$m$ 为样品质量，g。

6. 结束工作

（1）关机；

（2）清理台面，填写仪器使用记录。

**【任务 3】** 质量评价

根据测定出来的化妆品中铅和镉的含量，以及相关标准，对其质量作出相应评价。

### 四、项目拓展

测定补钙类药品或保健品中钙的含量。

要求：（1）制定样品的预处理方案；

（2）能正确运用原子吸收光谱法对钙的含量进行测定；

（3）对分析结果进行分析，写出评价报告。

## 实训项目五　利用气相色谱法对化妆品中的氢醌和苯酚进行检测评价

### 一、实训目的

1. 能选择合理的方法对化妆品中氢醌和苯酚进行检测分析。
2. 能熟练操作气相色谱法，并进行简单的保养和维护。
3. 能使用气相色谱对化妆品中违禁物质氢醌和苯酚进行定性和定量分析。
4. 能分析所测的数据，并给出结果。

### 二、实训任务

总任务：能熟练使用气相色谱，并利用气相色谱法判断化妆品样品中是否含有氢醌和苯酚，如果有，对其含量进行测定，判断是否超标

任务 1：对化妆品中的氢醌和苯酚进行定性分析

任务 2：对化妆品中的氢醌和苯酚进行定量分析

任务 3：质量评价

## 三、实训操作

**【任务 1】** 对化妆品中的氢醌和苯酚进行定性分析

1. 准备工作

（1）准备所需试剂　无水乙醇（A. R.），氢醌（GC 级），苯酚（GC 级）。

（2）准备所需设备　气相色谱仪（具氢火焰离子化检测器），气体高压钢瓶（$N_2$、$H_2$），空气压缩机，微量注射器（10μL）。

（3）配制供试品溶液　精密称取检测样品约 1.0g，置 10mL 刻度试管中，用无水乙醇溶解，超声提取 1min，用无水乙醇稀释至刻度，摇匀，静止后取上清液，即得。

（4）配制标准溶液

① 氢醌标准溶液（$4mg \cdot mL^{-1}$）　准确称取色谱纯氢醌 0.400g，置于烧杯中，用少量无水乙醇溶解后，移至 100mL 容量瓶中，用无水乙醇稀释至刻度。

② 苯酚标准溶液（$2mg \cdot mL^{-1}$）　准确称取色谱纯苯酚 0.200g，置于烧杯中，用少量无水乙醇溶解后，移至 100mL 容量瓶中，用乙醇稀释至刻度。

2. 气相色谱参考条件

色谱柱：硬质玻璃柱（长 2m，内径 3mm）；

固定相：Chromsorb WAW DMCS 60～80 目，涂以 10%SE-30；

温度：柱温 220℃，气化温度 280℃，检测温度 280℃；

流速：氮气 $30mL \cdot min^{-1}$，氢气 $50mL \cdot min^{-1}$，空气 $500mL \cdot min^{-1}$。

3. 定性分析

（1）进标样　用微量注射器准确移取 2.0μL 氢醌和苯酚标准样，注入气相色谱仪，记录色谱图。

（2）进样品　用微量注射器准确移取 2.0μL 供试品溶液，注入气相色谱仪，记录色谱图。

4. 分析谱图

如果供试品色谱图中检测出与对照品相同保留时间的色谱峰，则说明样品中含有氢醌或苯酚，并继续进行任务 2 操作。

**【任务 2】** 对化妆品中的氢醌和苯酚进行定量分析

1. 标准曲线的绘制

（1）用 5mL 移液管分别准确移取任务 1 项下配制的氢醌标准溶液 0.00mL、1.50mL、2.00mL、2.50mL、3.00mL 于 10mL 量瓶中，用无水乙醇溶液稀释至刻度，摇匀，配制成 $0.00mg \cdot mL^{-1}$、$0.60mg \cdot mL^{-1}$、$0.80mg \cdot mL^{-1}$、$1.00mg \cdot mL^{-1}$、$1.20mg \cdot mL^{-1}$的氢醌系列标准溶液。

（2）用5mL移液管分别准确移取苯酚标准溶液0.00mL、0.50mL、1.00mL、2.00mL、3.00mL、4.00mL、5.00mL于10mL量瓶中，用无水乙醇溶液稀释至刻度，摇匀，配制成0.00mg・$mL^{-1}$、0.10mg・$mL^{-1}$、0.20mg・$mL^{-1}$、0.40mg・$mL^{-1}$、0.60mg・$mL^{-1}$、0.80mg・$mL^{-1}$、1.00mg・$mL^{-1}$的苯酚系列标准溶液。

（3）用微量注射器准确移取2.0μL氢醌或苯酚系列标准溶液，注入气相色谱仪中，记录色谱图，以氢醌或苯酚含量（mg・$mL^{-1}$）为横坐标，峰高或峰面积为纵坐标绘制标准曲线。

2. 样品测定

用微量注射器准确移取2.0μL样品溶液，注入气相色谱仪中，记录色谱图，每个样品重复做三次，量取峰高或峰面积，计算平均值。

3. 计算

$$w(\text{氢醌或苯酚})=\frac{\rho V}{m}$$

式中，$w$(氢醌或苯酚）为样品中氢醌或苯酚的含量，mg・$g^{-1}$；$\rho$为从标准曲线上查出测试溶液中的质量浓度，mg・$mL^{-1}$；$V$为样品溶液总体积，mL；$m$为样品质量，g。

4. 结束工作

（1）关机。

（2）清理台面，填写仪器使用记录。

**【任务3】** 质量评价

根据测定出来的化妆品中氢醌和苯酚的含量，以及相关标准，对其质量作出相应评价。

## 四、项目拓展

1. 对市售白酒进行分析检测。

2. 判断化妆品样品中是否含有毒物质甲醇，如果有，对其含量进行测定。

要求：（1）制定样品的预处理方案；

（2）能正确运用气相色谱法进行定性和定量操作；

（3）对分析结果进行分析，写出评价报告。

# 实训项目六　利用高效液相色谱法对化妆品中苯甲酸等6种防腐剂进行检测评价

## 一、实训目的

1. 能选择合理的方法对化妆品中常见防腐剂进行检测分析。

2. 能熟练操作高效液相色谱仪，并进行简单的保养和维护。

3. 能使用高效液相色谱对化妆品中常用的6种防腐剂（苯甲醇、苯甲酸、对羟基苯甲酸甲酯、对羟基苯甲酸乙酯、对羟基苯甲酸丙酯、对羟基苯甲酸丁酯）进行定性和定量分析。

4. 能分析所测的数据，并给出结果。

## 二、实训任务

总任务：判品化妆品中是否含有某种特定的防腐剂，如果有，对其含量进行测定，判断是否超标

任务1：对化妆品中苯甲酸等6种防腐剂进行定性分析

任务2：对化妆品中苯甲酸等6种防腐剂进行定量分析

任务3：质量评价

## 三、实训操作

**【任务1】** 对化妆品中苯甲酸等6种防腐剂进行定性分析

1. 准备工作

（1）准备所需试剂　甲醇与乙腈（色谱纯），磷酸二氢钾（A. R.），氯化十六烷三甲胺（A. R.），磷酸（A. R.），重蒸馏水。

（2）准备所需设备　液相色谱仪（具DAD检测器），超声波清洗器，pH计，恒温水浴锅。

（3）配制供试品溶液　准确称取约1.00g某化妆品样品，置于具塞比色管中，必要时加热除去有机溶剂，加甲醇至10mL，超声提取15min，离心，取上清液经0.45μm微孔滤膜过滤，取续滤液作为供试品溶液。

（4）配制标准溶液　用甲醇作溶剂，称取适量的各防腐剂标准品溶解后，转移至100mL量瓶中，定容。配制成表3-5所示浓度的标准贮备液，再用标准贮备溶液配成混合标准溶液系列。

**表3-5　各防腐剂贮备溶液浓度及标准系列浓度**

| 标准品名称 | 标准贮备液浓度 /$mg \cdot mL^{-1}$ | 标准系列浓度 /$\mu g \cdot mL^{-1}$ | | | |
|---|---|---|---|---|---|
| 苯甲醇 | 25 | 100 | 250 | 500 | 1000 |
| 苯甲酸 | 10 | 50 | 100 | 250 | 500 |
| 对羟基苯甲酸甲酯 | 1 | 5 | 10 | 20 | 50 |
| 对羟基苯甲酸乙酯 | 1 | 5 | 10 | 20 | 50 |
| 对羟基苯甲酸丙酯 | 1 | 5 | 10 | 20 | 50 |
| 对羟基苯甲酸丁酯 | 2.5 | 10 | 25 | 50 | 100 |

2. 液相色谱参考条件

色谱柱：$C_{18}$柱，250mm×4.6mm，5μm；

流动相：0.05mol·$L^{-1}$磷酸二氢钠-甲醇-乙腈（50∶35∶15）（添加氯化十六烷三甲胺至最终浓度为0.002mol·$L^{-1}$，并用磷酸调pH至3.5）；

流速：1.0mL・$min^{-1}$；

检测器：DAD检测器，254nm检测。

3. 定性分析

（1）进标样　准确移取各标准溶液5.0μL，注入液相色谱仪，记录色谱图。

（2）进样品　准确移取供试品溶液5.0μL，注入液相色谱仪，记录色谱图。

4. 分析谱图

如果供试品色谱图中检测出与对照品相同保留时间的色谱峰，且相同保留时间组分的紫外光谱图一致，则说明样品中含有相应防腐剂，并继续进行任务2操作。

**【任务2】** 对化妆品中苯甲酸等6种防腐剂进行定量分析

1. 标准曲线的绘制

取表3-5中防腐剂标准液系列5.0μL，注入液相色谱仪，记录色谱图。以含量（μg・$mL^{-1}$）为横坐标，峰面积为纵坐标绘制标准曲线。

2. 样品测定

用微量注射器准确移取5.0μL样品溶液，注入液相色谱仪中，记录色谱图。每个样品重复进样三次，量取峰面积，计算平均值。

3. 计算

$$w(\text{防腐剂})=\frac{\rho V}{m}$$

式中，$w$(防腐剂）为样品中各防腐剂的含量，mg・$g^{-1}$；$\rho$ 为从标准曲线上查出测试溶液中的质量浓度，mg・$mL^{-1}$；$V$ 为样品溶液总体积，mL；$m$ 为样品质量，g。

4. 结束工作

（1）关机。

（2）清理台面，填写仪器使用记录。

**【任务3】** 质量评价

根据测定出来的化妆品中苯甲酸等防腐剂的含量，根据相关标准，对其质量作出相应评价。

## 四、项目拓展

判断化妆品样品中是否含有对羟基苯甲酸异丙酯、山梨酸等防腐剂，如果有，对其含量进行测定。

要求：（1）制定样品的预处理方案；

（2）能正确运用气相色谱法进行定性和定量操作；

（3）对分析结果进行分析，写出评价报告。

# 参 考 文 献

[1] 复旦大学化学系《仪器分析实验》编写组编. 仪器分析实验. 上海：复旦大学出版社，1986.
[2] 孙毓庆. 分析化学实验. 北京：科学出版社，2006.
[3] 谢庆娟. 分析化学实践指导. 北京：人民卫生出版社，2009.
[4] 刘文钦，袁存光. 仪器分析实验. 东营：石油大学出版社，1993.
[5] 段科欣. 仪器分析实验. 北京：化学工业出版社，2009.
[6] 张济新，孙海霖，朱明华. 仪器分析实验. 北京：高等教育出版社，1994.
[7] 药品生物制品鉴定所. 中国药品检验标准操作规范与药品检验仪器操作规程（2005 版）. 北京：中国医药科技电子出版社，2005.
[8] 张剑荣，戚苓，方惠群. 仪器分析实验. 北京：科学出版社，2006.
[9] 张晓丽. 仪器分析实验. 北京：化学工业出版社，2006.
[10] 中华人民共和国卫生部. 化妆品卫生规范（2007）. 北京：中国卫生出版社，2007.
[11] 宋桂兰 . 仪器分析实验 . 第 2 版 . 北京：科学出版社，2015.
[12] 魏福祥，韩菊，刘宝友 . 仪器分析 . 北京：中国石化出版社，2018.
[13] 王术皓 . 分析化学实验 . 第 3 版 . 青岛：中国海洋大学出版社，2018.
[14] 陈立钢，廖丽霞，牛娜 . 分析化学实验 . 北京：科学出版社，2016.
[15] 李莉，徐蕾，崔凤娟 . 分析化学实验 . 哈尔滨：哈尔滨工业大学出版社，2016.